JN225507

Building
Construction
Hand Book
[建築携帯ブック]
コンクリート
改訂3版
現場施工応援する会[編]
井上書院

発刊にあたって

鉄筋コンクリート技術が日本国内に導入された歴史は，遠く明治時代にまで遡る。その後，レディーミクストコンクリートが初めて工場生産されたのは，大正時代を跨いだ昭和24年，第二次世界大戦終結後の復興がまさに緒についた時期である。昭和30年代に入ると，全国にレディーミクストコンクリート工場が設立され，復興と経済成長の波に乗って鉄筋コンクリート造の建造物群は瞬く間に都市の景観を席巻していった。

優れた変形性能をもつレディーミクストコンクリートは，成形の自由度による豊かな表現性と，調合計画に応じた強度の自在性を利用して，20世紀以降を代表する建設材料としての絶対的な地位を築いたのである。一方，建築物に対する要求性能も増加の一途をたどり，さまざまな用途に適したコンクリートの製造技術とともに施工技術も飛躍的に発展していった。

しかしながら，コンクリートは本質的には脆(ぜい)性材料で，ひび割れの発生など，現在の技術では防止できない弱点を有するきわめて繊細で，製造や施工に十分な配慮を要する建築材料である。建築物の瑕疵，クレームの原因は多岐にわたるが，重大な欠陥の原因の多くが，躯体のコンクリートにおける欠陥に起因していることは，工事関係者の共通認識となっている。したがって，建築工事に従事する技術者にとって，コンクリートの施工技術に精通することは，職務をまっとうする上での必須条件といっても過言ではない。

本書は，若手建築技術者の技術力向上を目的に，コンクリート工事の計画と管理に必要となる基本的事項をまとめたものである。本書を常に携帯し，コンクリート造建築物の品質向上に役立てていただければ幸いである。

2006年12月　現場施工応援する会

改訂３版にあたって

本書は，建築技術者のコンクリート工事に関する技術力の向上を目的として，2006年に初版を刊行した。また，本書の編集にあたっては，的確かつ迅速な判断が要求される建築現場での利用を考慮し，日本建築学会による『建築工事標準仕様書・同解説 JASS 5 鉄筋コンクリート工事』（以下『JASS 5』）等の仕様書ならびに指針類をベースに，私たちが長年の経験から学んできた知識を加えつつ，ポイント中心の簡潔な解説を心掛けた。

本書は，前述のとおりコンクリートに関するさまざまな文献を参考にしながら編集しているが，本書の根幹を成すものは『JASS 5』であることは言うまでもない。

2009年の『JASS 5』大改定から2015年版および2018年版発行までの間には，東北地方太平洋沖地震の発生や都市の低炭素化の促進に関する法律の施行，コンクリート関連におけるJISの改定，『鉄筋コンクリート構造計算規準・同解説』，『建築工事標準仕様書・同解説 JASS 10 プレキャスト鉄筋コンクリート工事』（いずれも日本建築学会による）および関連指針類の改定が行われた。今回の2015年版および2018年版『JASS 5』では，これらの改正・改定された諸規定の内容を解説に反映させるとともに，実務との整合が図られるものとなっている。

以上を踏まえ，私たちは2015年版ならびに2018年版『JASS 5』の改定内容に準じて本書を見直すこととした。今回の改定で新たに盛り込まれた情報の追加・修正を行うとともに，読者の利用の便宜を図り，2009年版・2003年版『JASS 5』のおもな改定箇所の比較表と2015年版および2018年版改定のポイントも収録した。本書によって最新情報を習得し，実践的なコンクリート工事の計画，管理に役立てていただければ幸いである。

2019年12月　現場施工応援する会

CONTENTS

1章 本書の見方・使い方

1 構 成 2015年版・2018年版『JASS 5』準拠

本書は、コンクリート工事における基本計画から、調合計画・試し練り、打設(打込み)計画、打設(打込み)管理、仕上げ・養生、試験・検査まで、品質の良い躯体をつくるための重要項目254を、コンクリートの材料や強度に関する「基本知識」と「施工計画」、「施工管理」に分類して解説。
また、3章にはコンクリート工事における元請会社職員、生コン製造関連業者、躯体工事関連業者の仕事の関りがわかるフロー図と、巻末には寒中コンクリート、暑中コンクリート、高流動コンクリート、高強度コンクリート、マスコンクリート、水中コンクリート等の特殊な仕様のコンクリート、2009年版と2003年版『JASS 5』の改定項目がわかる新旧対照表、さらに「2015年版ならびに2018年版『JASS 5』改定のポイント」を収録。

■マークについて

本書では、設計、施工、監理の各担当者が取り組む項目を明確にするために以下のマークで分類し、必須項目は濃い色で表示した。

 設計者・工事監理者  現場管理者・専門工事業者

2 クレーム傾向 平成29年度調査より

■引渡し後のクレーム工事費比率

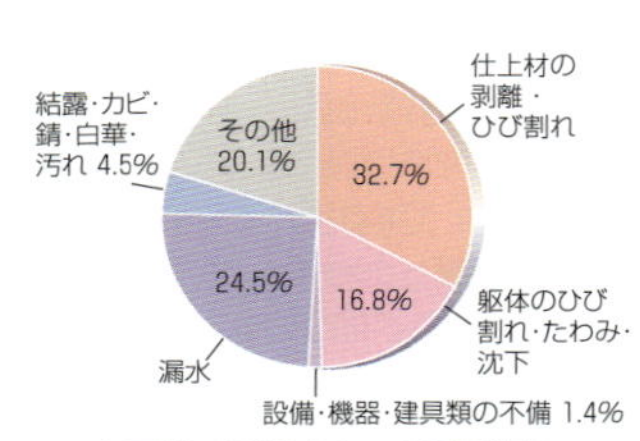

全工種におけるクレーム現象比率

■引渡し後の全工種における躯体クレーム工事費比率

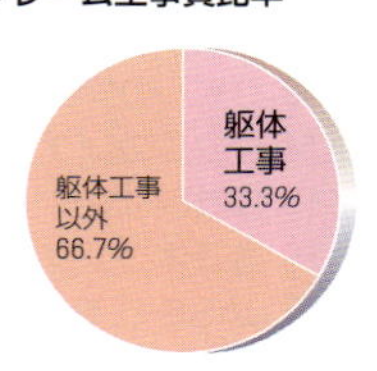

躯体クレームの工事費比率

■引渡し後の現象別躯体クレーム工事費比率

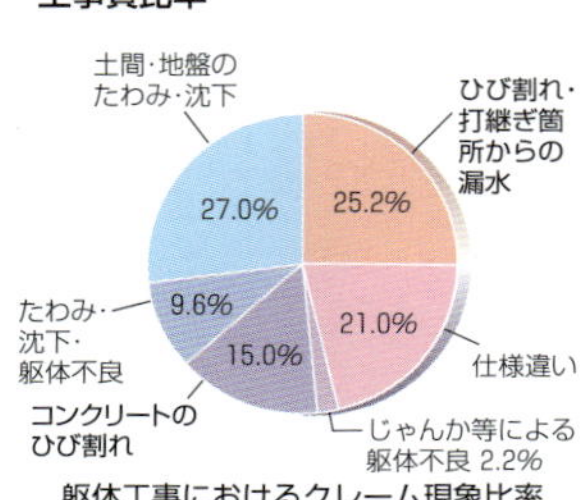

躯体工事におけるクレーム現象比率

■躯体工事における部位別クレーム工事費比率

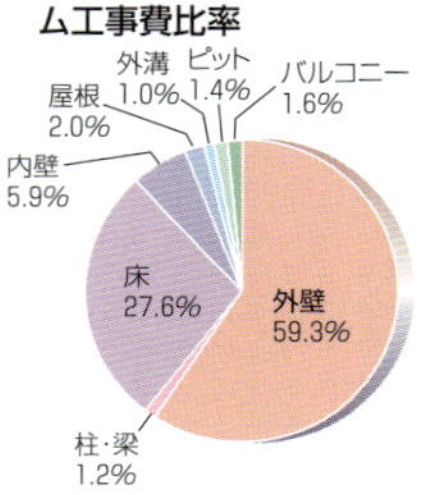

躯体クレームの部位別比率

③ コンクリートのポイント

元請会社職員はもちろんのこと、コンクリート工事に携わるすべての職種が品質、原価、工程、安全、環境に対して自らが主体となり責任をまっとうしていかなければならない。次工程に確かな品質を引き渡すための計画・管理のポイントをよく理解して、日々の業務に役立てよう。

④ 見方・使い方

■手直しによるムダを排除し、利益確保を図る！

手戻り・手直しによるムダを排除し、高品質で耐久性を備えた建物をつくり上げていくために本書を大いに活用して、「一発で決める」高い技術力と些細なミスも見逃さない確かな目を身につけよう。

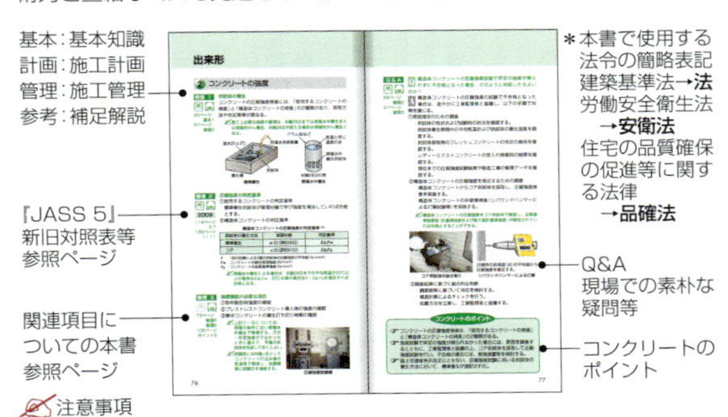

「設計図書の確認・優先が大原則」

各工事の設計図書による特記仕様は、設計事務所、官公庁によって異なる場合が通常で、本書とも相違点がある。そのときは、設計図書を確認し、発注者・設計者・工事監理者と事前に十分な打合せを行うことが大原則である！

胸ポケットには「建築携帯ブック」
これが、品質向上への第一歩。

2章 コンクリート工事管理項目

コンクリート工事の計画・管理項目一覧

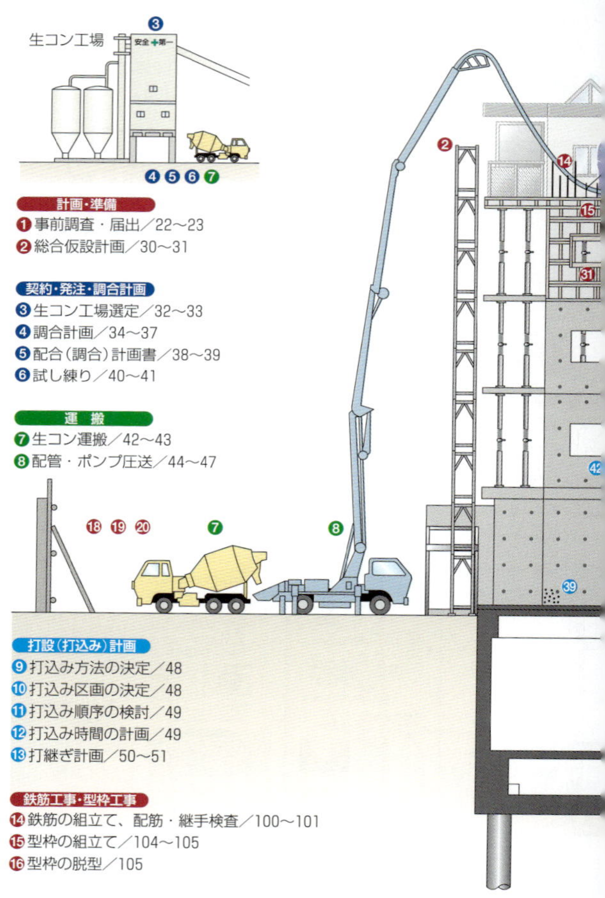

計画・準備

❶事前調査・届出／22〜23
❷総合仮設計画／30〜31

契約・発注・調合計画

❸生コン工場選定／32〜33
❹調合計画／34〜37
❺配合（調合）計画書／38〜39
❻試し練り／40〜41

運　搬

❼生コン運搬／42〜43
❽配管・ポンプ圧送／44〜47

打設（打込み）計画

❾打込み方法の決定／48
❿打込み区画の決定／48
⓫打込み順序の検討／49
⓬打込み時間の計画／49
⓭打継ぎ計画／50〜51

鉄筋工事・型枠工事

⓮鉄筋の組立て、配筋・継手検査／100〜101
⓯型枠の組立て／104〜105
⓰型枠の脱型／105

打設準備・打設管理

⓱人員配置／54
⓲レディーミクストコンクリート納入書の確認／56
⓳受入れ検査／56、106〜107
⓴供試体（テストピース）の採取／57
㉑分離対策／58
㉒打重ね時間の厳守／59
㉓打込み速度の調節／59
㉔叩き／60
㉕締固め／60
㉖バイブレーターの使用方法／60
㉗柱の打込み／62
㉘壁の打込み／63

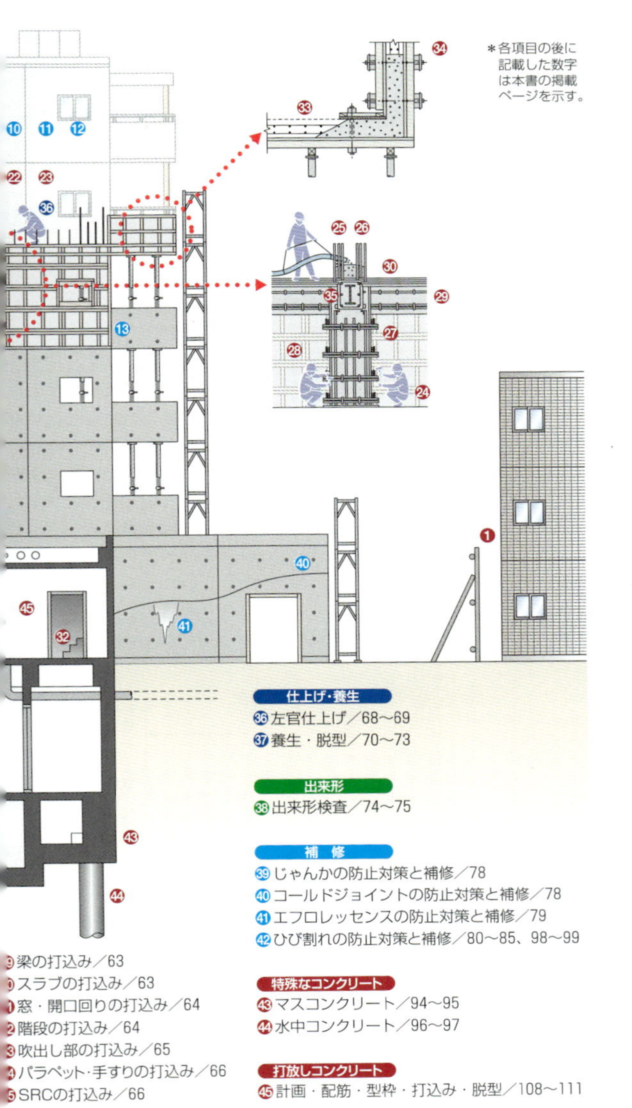

＊各項目の後に
記載した数字
は本書の掲載
ページを示す。

3章 コンクリート工事のフロー

計画・施工・検査フロー

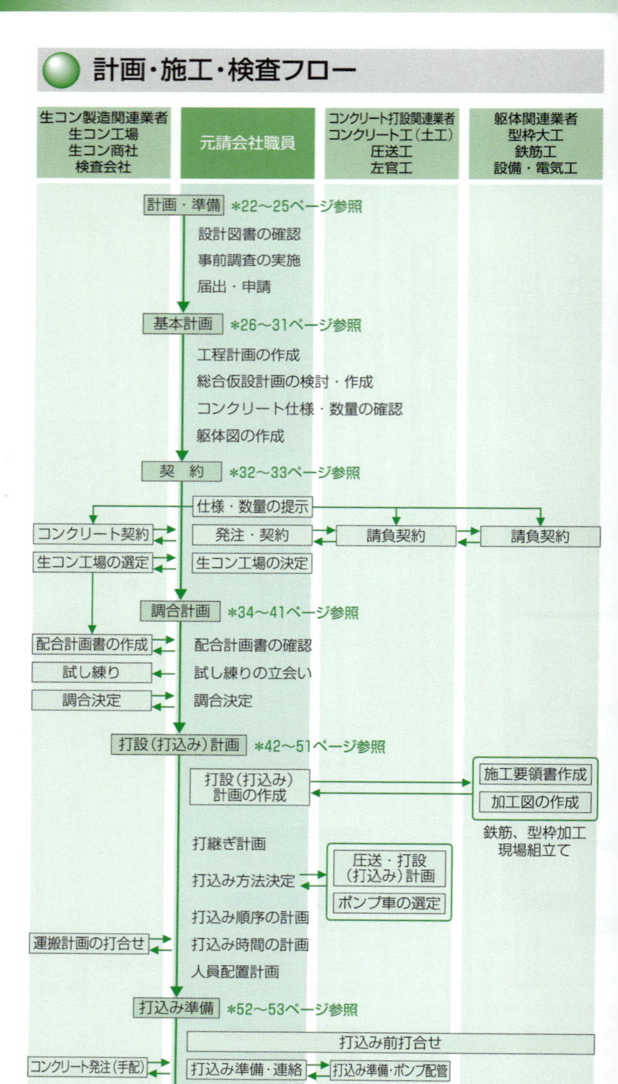

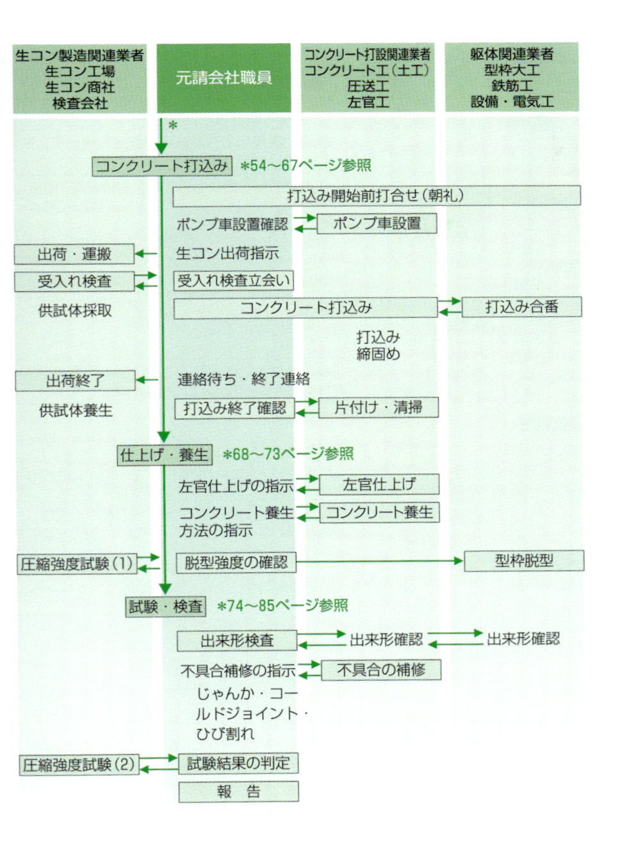

生コン製造関連業者
生コン工場
生コン商社
検査会社
元請会社職員
コンクリート打設関連業者
コンクリート工（土工）
圧送工
左官工
躯体関連業者
型枠大工
鉄筋工
設備・電気工
＊
コンクリート打込み
＊54～67ページ参照
打込み開始前打合せ（朝礼）
ポンプ車設置確認
ポンプ車設置
出荷・運搬
生コン出荷指示
受入れ検査
受入れ検査立会い
供試体採取
コンクリート打込み
打込み合番
打込み
締固め
出荷終了
連絡待ち・終了連絡
供試体養生
打込み終了確認
片付け・清掃
仕上げ・養生
＊68～73ページ参照
左官仕上げの指示
左官仕上げ
コンクリート養生
方法の指示
コンクリート養生
圧縮強度試験（1）
脱型強度の確認
型枠脱型
試験・検査
＊74～85ページ参照
出来形検査
出来形確認
出来形確認
不具合補修の指示
不具合の補修
じゃんか・コールドジョイント・ひび割れ
圧縮強度試験（2）
試験結果の判定
報　告

4章 一般事項

① コンクリートの種類

基本 1

136ページ
コンクリート工事用語集

2009
122ページ 12.1
122ページ 13.3 17.3
124ページ 21.5 24.3
126ページ 25.1

2015
130ページ 13.3
131ページ 17.11 21.5

2018
132ページ 4.1

コンクリートの種類と特徴

使用材料による区分

種　類	特　徴
普通コンクリート	普通骨材を用いる設計基準強度36N/mm^{2}以下のコンクリート。
軽量コンクリート	人工軽量骨材を用いる気乾単位容積質量の範囲が1.4〜2.1t/m^{3}のコンクリート。1種と2種があり、2種のほうが軽い。 スランプ21cm以下、空気量の標準5.0%、単位セメント量の最小値320kg/m^3、単位水量の最大値185kg/m^3、水セメント比の最大値55%。
エコセメントを使用するコンクリート*1	JIS R 5214に規定される普通エコセメントを用いるコンクリート。
再生骨材コンクリート*2	骨材の全部または一部にコンクリート用再生骨材HまたはMを用いるコンクリート。

*1、*2：2009年版『JASS 5』新設

要求性能による区分

種　類	特　徴
高流動コンクリート*1	材料分離を起こすことなく流動性を高め、振動・締固めをしなくても充填が可能な、自己充填性を備えたコンクリート。
高強度コンクリート*2	設計基準強度36N/mm^{2}を超えるコンクリート。
水密コンクリート	水槽、プール、地下室などの圧力水が作用する構造物に用いる、特に水密性の高いコンクリート。水セメント比の最大値50%。
海水の作用を受けるコンクリート	海水、波しぶきおよび飛来塩分に含まれる塩化物イオンにより影響を受ける部分のコンクリート。塩害環境および計画供用期間の級の区分により耐久設計基準強度、最小かぶり厚さが規定されている。
凍結融解作用を受けるコンクリート	長期間にわたる凍結融解作用の繰り返しを受ける部分のコンクリート。 耐凍害性向上対策として骨材の品質、耐久設計基準強度、空気量下限値、ブリーディング量上限値が規定されている。
遮へい用コンクリート	主として生体防護のためにγ線・X線および中性子線を遮へいする目的で用いられるコンクリート。特記のない場合、スランプ15cm以下、水セメント比の最大値60%（重量コンクリート55%）。
無筋コンクリート	土間・捨てコンクリートなど、補強筋を用いないコンクリート。設計基準強度および耐久設計基準強度は通常18N/mm^2。

*1：90〜91ページ参照
*2：92〜93ページ参照

施工条件による区分

種　類	特　徴
寒中コンクリート＊1	旬の日平均気温が4℃以下、または打込み後91日までの積算温度が840°D・D以下となる期間に施工されるコンクリート。
暑中コンクリート＊2	日平均気温の平年値が25℃を超える期間に施工されるコンクリート。
流動化コンクリート	あらかじめ練り混ぜられたコンクリート（ベースコンクリート）に流動化剤を後添加して、スランプを増大させたコンクリート。 流動化コンクリートのスランプは21cm以下(調合管理強度33N/mm^{2}以上で23cm以下)。品質管理はベースコンクリートと流動化コンクリートの両方について行う必要がある。
マスコンクリート＊3	部材断面の最小寸法が大きく、かつセメントの水和熱による温度上昇で有害なひび割れが入るおそれがある部分のコンクリート。
水中コンクリート＊4	場所打ち鉄筋コンクリート杭、鉄筋コンクリート地中壁など、トレミー管を用いて安定液または水中に打ち込むコンクリート。

＊1：86～87ページ参照　＊3：94～95ページ参照
＊2：88～89ページ参照　＊4：96～97ページ参照

構造形式による区分

種　類	特　徴
プレストレストコンクリート	PC鋼材によりあらかじめ圧縮の内部応力(プレストレス力)を与えたコンクリート。 プレテンション方法(工場生産される部材)とポストテンション方法(現場打ち工法)に分けられる。
鋼管充填コンクリート＊1	コンクリート充填鋼管造に使用する鋼管充填コンクリート。施工は圧入工法または落込み工法によって行う。
プレキャスト複合コンクリート	プレキャスト鉄筋コンクリート半製品部材と後から打ち込む現場打ちコンクリートからなるプレキャスト複合コンクリート。
住宅基礎用コンクリート	木造住宅、軽量鉄骨造住宅の基礎、居住の用に供しない軽微な建築物などに使用する鉄筋コンクリート。

＊1：2009年版『JASS 5』新設

コンクリートのポイント

☞ コンクリートの種類は、特記仕様書に規定されている場合があるので必ず確認する。
☞ コンクリートの種類が特記仕様書に規定されていない場合には、使用するコンクリートを確認し、工事監理者の承認を得る。
☞ 施工時期、部材寸法によっては、寒中コンクリート、暑中コンクリート、マスコンクリートの規定が適用される場合があるので、事前に十分な検討を行う。

2 コンクリートの材料(1)

基本 1

71ページ 管理4
73ページ 管理5
86ページ 寒中コンクリート
90ページ 高流動コンクリート
92ページ 高強度コンクリート
94ページ マスコンクリート
96ページ 水中コンクリート

セメントの種類と特徴

各種セメントの特性とおもな用途

種類／記号		特性	用途
ポルトランドセメント	普通ポルトランドセメント／N	一般的なセメント	一般のコンクリート工事
	早強ポルトランドセメント／H	①普通セメントより強度発現が早い ②低温でも強度を発揮 ③水和熱が大きい	緊急工事・冬期工事、コンクリート製品
	超早強ポルトランドセメント／UH	①早強セメントより強度発現が早い ②低温でも強度を発揮 ③水和熱が大きい	緊急工事、冬期工事
	中庸熱ポルトランドセメント／M	①普通セメントより水和熱が小さい ②乾燥収縮が小さい	マスコンクリート、高流動コンクリート、高強度コンクリート
	低熱ポルトランドセメント／L	①初期強度は小さいが長期強度が大きい ②水和熱が小さい ③乾燥収縮が小さい	マスコンクリート、高流動コンクリート、高強度コンクリート
	耐硫酸塩ポルトランドセメント／SR	海水中や温泉近くの土壌・下水・工場排水中の硫酸塩に対する抵抗性が大きい	硫酸塩の浸食作用を受けるコンクリート
高炉セメント	A種／BA	普通セメントと同様の性質	普通セメントと同様に用いられる
	B種／BB	①普通セメントより初期強度は小さいが材齢28日強度は同等 ②耐海水性、化学抵抗性が大きい	マスコンクリート、海水・硫酸塩・熱を受けるコンクリート、水中および地下構造物コンクリート
	C種／BC	①普通セメントより初期強度は小さいが長期強度は大きい ②普通セメントより水和熱が小さい ③耐海水性、化学抵抗性が大きい	マスコンクリート、海水・土中・地下構造物コンクリート
フライアッシュセメント	A種／FA B種／FB	①普通セメントよりワーカビリティーがよい ②普通セメントより初期強度は小さいが、長期強度は大きい ③乾燥収縮が小さい ④水和熱が小さい	普通セメントと同様な工事、マスコンクリート、水中コンクリート
普通エコセメント／E		下水汚泥、都市ごみ焼却灰等を原料として使用した環境配慮型セメント	普通セメントと同様(高強度コンクリートを除く)な工事

基本 2 セメントの生成

コンクリートの主材料であるセメントは、石灰石、けい石、粘土を粉砕→混合→半溶融焼成（1,450℃前後の高温）→急冷→セメントクリンカー（砂利大の塊）に、3〜4%の石膏を加え→微粉砕、したものである。

セメント

基本 3 セメントと圧縮強度の関係

16ページ 基本1

セメントの種類によって、コンクリートの強度発現が異なる。各種セメントとコンクリート強度の関係例を図に示す。Hセメントは、Nセメントに比べて強度発現が早い。M、LセメントおよびBB、FBセメントは、Nセメントに比べて強度発現は遅いが長期強度は同等または大きい傾向がある。

✍ わが国で生産されるセメントは、約70%が普通ポルトランドセメント、20数%が高炉セメントである。

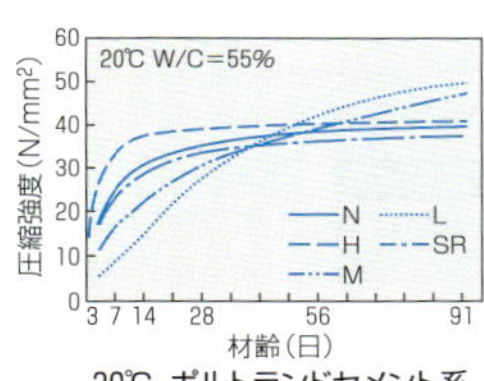

20℃、ポルトランドセメント系

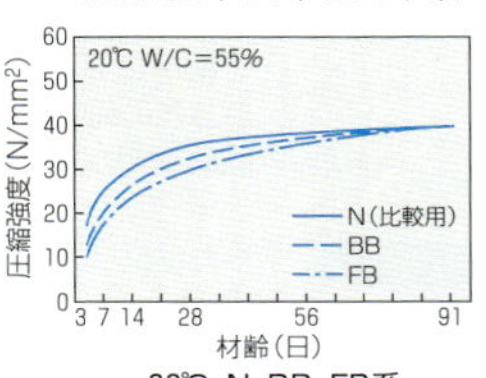

20℃、N、BB、FB系

Q & A

94ページ マスコンクリート

Q マスコンクリートの温度ひび割れ対策や環境配慮の観点から高炉セメントを使用する場合があるが、どのような点に注意すればよいか？

A 最近の高炉セメントは初期強度を上げるために微粉末化が図られ、発熱量（水和熱）の増大や乾燥収縮量（ひび割れ）の増大等が問題となっている。このため、マスコンクリートや地下構造物の乾燥しにくい躯体等に使用する場合でも、温度ひび割れの検討・単位水量制限・適切な補強筋計画など、十分検討の上、採用する。杭やCFT柱については問題ない。

コンクリートのポイント

- ☞ コンクリートの材料は、セメント、水、細骨材、粗骨材および必要に応じて混和剤・混和材から構成される。
- ☞ セメントの種類によって、コンクリートの強度発現が異なる。
- ☞ セメントにはそれぞれ特性があるので、その特性を効果的に活用するよう、セメントの種類を選定する必要がある。
- ☞ 建築工事においては、原則としてJIS規格に適合したものを使用する。

③ コンクリートの材料（2）

基本 1

細骨材

①骨材の中で、粒の最大寸法が5mm以下のもの。

②採取場所により川砂、山砂、海砂、岩石を砕いてつくった砕砂がある。

③上記項目および細骨材の粒度分布の範囲は、JIS規格に品質規定が定められている。

細骨材

基本 2

粗骨材

①粗骨材の粒の最大寸法は15～80mmまで数種類あるが、建築工事では主に20mm、25mmのものが用いられる。

②採取場所により川砂利、陸砂利、山砂利、砕石などがある。

③上記項目および粗骨材の粒度分布の範囲は、JIS規格に品質規定が定められている。

粗骨材

参考 1

37ページ 計画6

アルカリシリカ反応

アルカリシリカ反応は、反応性シリカを含む骨材とセメントなどに含まれるアルカリ金属イオンが反応し、反応生成物が膨張することにより、コンクリートにひび割れ、剥落などが生じる現象である。コンクリート用骨材としては、反応性のあるものは使用しないのが原則であるが、使用しなければならない場合は、コンクリート中のアルカリ量を低減する、アルカリシリカ反応に対して抑制効果のある混合セメントを使用する、などの対策を講じる。

アルカリシリカ反応によるひび割れ

参考 2

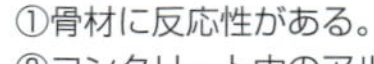

アルカリシリカ反応を起こす三条件

①骨材に反応性がある。

②コンクリート中のアルカリ量が多い。

③コンクリートに十分な湿度の供給がある。

参考 3

再生骨材の使用

再生骨材を用いた再生骨材コンクリートHおよびM（耐凍害品と標準品に区分）が使用可能となった。それぞれ使用する骨材の種類により1種と2種に分けられ、設計供用期間別に適用される耐久設計基準強度が異なる。

基本 3 混和剤

フレッシュコンクリートの性質や、硬化したコンクリートの性質を改良または調整するために使用される。

混和剤の種類と特徴

種　類	特　　徴
AE剤	空気連行剤とも呼ばれ、コンクリート中に無数の微細な空気泡を連行する。コンクリートのワーカビリティーを改善し、コンクリート中の水分凍結による凍結融解作用に対する抵抗性を向上させる。過剰に空気泡を連行すると強度低下が大きくなるため、通常4.5%程度の空気量としている。
減水剤、AE減水剤	減水剤は、界面活性剤の一種で、コンクリートの作業性を損なうことなく、使用水量を減少させることができる。このような減水効果に加えて、コンクリート中に微細な空気泡を連行するものがAE減水剤である。減水剤、AE減水剤を用いることにより、同じスランプのコンクリートをつくるために必要な単位水量を15%程度減少させることができる。
高性能AE減水剤	AE減水剤の減水性能をさらに高めたもので、高い減水性能と優れたスランプ保持性能を有し、超高層建物に用いられる高強度コンクリートや、高流動コンクリートを製造するためには不可欠な材料である。
流動化剤	現場でコンクリート打込み前に生コン車内で添加し、コンクリートの流動性を増大させる目的で使用する。成分は高性能AE減水剤と同様である。
収縮低減剤	乾燥収縮の低減を可能にする有機系の界面活性剤で、15%以上の収縮低減効果を有する長所がある。

基本 4 混和材

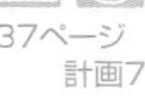

37ページ 計画7

コンクリートの性質を改良、調整するために用いられる。

混和材の種類と特徴

種　類	特　　徴
フライアッシュ	石炭火力発電によって発生する。微粉炭の燃焼灰。コンクリートのワーカビリティーの改善、長期強度の増進、水密性の向上が図れる。
膨張材	コンクリートを膨張させる作用があり、コンクリートの乾燥収縮ひび割れや温度ひび割れを防止するために用いられる。石灰系、鉄粉系、石膏系などがある。
高炉スラグ微粉末	高炉を用いた製鉄時に発生するスラグ。耐海水性の向上や、長期強度の増進が図れる。
シリカフューム	シリコン製造時に発生する超微粒子。コンクリートの高強度化、高流動化、耐久性の向上が図れる。

コンクリートのポイント

☞ 骨材の種類、品質は地域によって大きな差があり、産地が異なれば、設計上の強度、スランプなどが同じでも調合内容は異なる。

☞ 混和材料はコンクリートに薬品的に少量添加される混和剤と、比較的多量に使用される混和材の2つがある。

☞ 混和剤は同一銘柄でも標準形、遅延形(暑中コンクリート)、促進形(寒中コンクリート)等があり、コンクリート種類および打込み時期で使い分ける。

4 コンクリートの強度

基本 1

34ページ
計画1
参考1
35ページ
計画2

2009

114ページ
3.4
116ページ
5.2

コンクリートの圧縮強度

コンクリートの力学特性を表す代表的な値として圧縮強度がある。圧縮強度は、設計、コンクリートの製造、発注、施工の各段階に応じた種類があり、それぞれ定義が異なる。

コンクリートの圧縮強度

種類	記号	定義
設計基準強度	Fc	構造設計において構造体コンクリートが確保しなければならない所要の強度。 ＊34ページ「計画1」参照
耐久設計基準強度	Fd	構造物の設計時に定めた**耐久性を確保するために必要な強度**。計画供用期間に応じて定められる。 ＊25ページ「参考1」、34ページ「計画1」参照
品質基準強度	Fq	設計基準強度と耐久設計基準強度の大きいほうの値(2003年版までの強度割増しΔFは加えない)。 ＊34ページ「計画1」参照
コンクリートの調合管理強度	Fm	品質基準強度に構造体強度補正値(mSn)を加えた強度。 ＊34ページ「計画1」参照
構造体強度補正値	mSn	材齢m日標準強度と材齢n日構造体コンクリート強度の差による構造体強度補正値。温度による強度補正も含む。 ＊34ページ「計画1」、「参考1」参照
呼び強度	FN'	呼び強度はコンクリートの調合管理強度以上となる。レディーミクストコンクリートの発注は呼び強度で行う。 ＊33ページ「計画3」参照
調合強度	F	コンクリートの調合を定める場合に目標とする圧縮強度で、調合管理強度にコンクリート強度の**ばらつきを考慮した割増しを加えた強度**。 ＊35ページ「計画2」参照
構造体コンクリートの圧縮強度	—	**構造体に打ち込まれたコンクリートの圧縮強度**。標準養生供試体による管理の場合、調合管理強度を確保していれば合格となる。 ＊57ページ「管理3」、76ページ「管理2」参照
使用するコンクリートの圧縮強度	—	**納入されたコンクリートの圧縮強度**。指定した呼び強度を確保していれば合格となる。 ＊57ページ「管理3」参照

✍ 2009年『JASS 5』の改定により、2003年版までのΔFとTを使用した調合計画から、mSnを使用した調合設計方法に大幅に変更されたので注意が必要である。また、これにともない構造体コンクリート強度の確認方法(養生方法、判定)も変更となっている。

基本 2

35ページ 計画2 計画3

コンクリートの調合と強度の関係

コンクリート調合上で強度に最も影響があるのは、水セメント比である。コンクリートの強度と水セメント比（水の重量÷セメントの重量×100（%））の逆数のセメント水比はほぼ直線関係で表すことができる。この関係から、所要の強度を得る水セメント比を求めることができる。

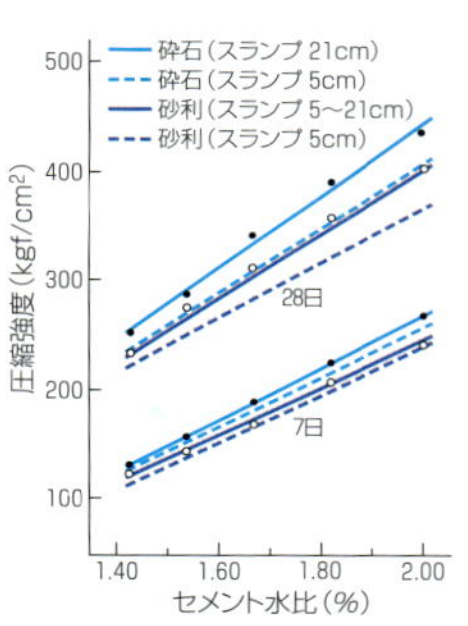

セメント水比と圧縮強度の関係[1)]

基本 3

70ページ 管理2
71ページ 管理3 管理4
72ページ 管理2 管理3

養生温度と強度の関係

コンクリート強度の発現は、養生温度によって著しい影響を受ける。養生温度が低い場合は初期強度の発現が小さく、養生温度が高い場合は初期強度の発現が大きいものの、長期材齢の強度発現は小さくなる。

気温が低いまたは高い場合には、強度発現の遅れや強度増進の低下を補うために品質基準強度に構造体強度補正値を加えなければならない。

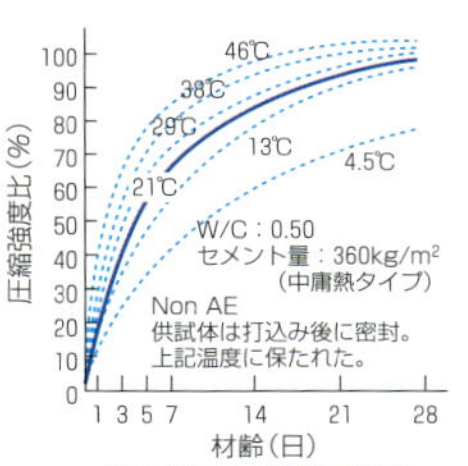

養生温度と強度の関係

基本 4

20ページ 基本1
34ページ 参考1

2018

134ページ 11.11

構造体強度補正値（mSn）

構造体コンクリート強度の管理は、標準水中養生の供試体強度で行う。この際、管理材齢m日の標準養生強度と保証材齢n日の構造体コンクリート強度の差による強度補正値mSn（≧0）を使用する。原則としてmには28日、nには91日を使用する。

mSnは2003年版までの温度補正値（T）と強度割増し（ΔF）を含む値。

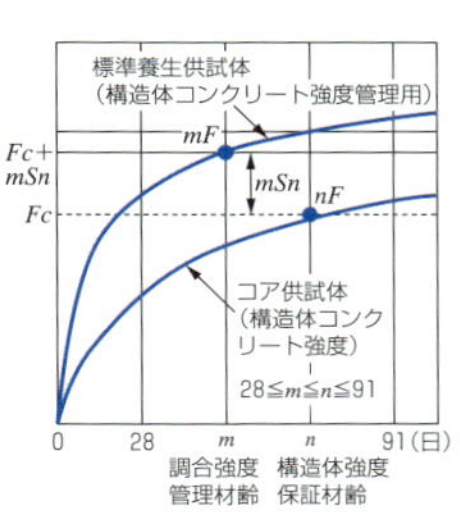

標準養生供試体による管理

コンクリートのポイント

- 気温が低い場合には、強度発現の遅れによる強度の不足を補うために、品質基準強度に構造体強度補正値を加える。気温が高い場合には、長期材齢における強度増進の低下による強度の不足を補うために高温に対する強度補正が必要となる。
- 通常コンクリートの強度管理は、打ち込まれるコンクリートから試料を採取し、標準養生を行った供試体強度で行うが、調合計画の際にはmSnの強度割増しを考慮する。

5章 基本計画

① 事前調査・届出

計画 1

28ページ 計画1
30ページ 総合仮設計画
31ページ 計画8
42ページ 計画2
70ページ 養生・脱型（1）
72ページ 養生・脱型（2）
87ページ 参考1
89ページ 参考1

事前調査

事前調査項目

調査項目	確認事項
敷地条件	①ポンプ車の設置位置・生コン車の配置の検討。 建物配置と敷地条件、周辺道路などの立地条件と総合仮設計画との関係から検討する。 ②工事用ゲートの位置や大きさの検討。 生コン車の出入動線を考慮し決定する。
交通状況・交通規制	①コンクリート打込み時の生コン車の走行経路設定。 周辺道路の渋滞状況や交通規制などを事前調査しておく。 ②通行許可が必要な場合の所轄警察署への届出。 道路上からのコンクリート打込みや、現場への経路に大型車両の通行禁止や通学路等による交通規制がある場合は、通行許可が得られるか否かで基本計画の変更が必要となるため、早めに所轄警察署と事前協議する。 ③生コン車の待機場所の検討。 交通渋滞による生コン車の到着時刻の遅延防止対策を講じておく。
気象条件	①コンクリート強度の構造体強度補正値や養生期間、養生方法の検討。 コンクリート打込み時期の当該地域の平均気温を調査してから検討する。

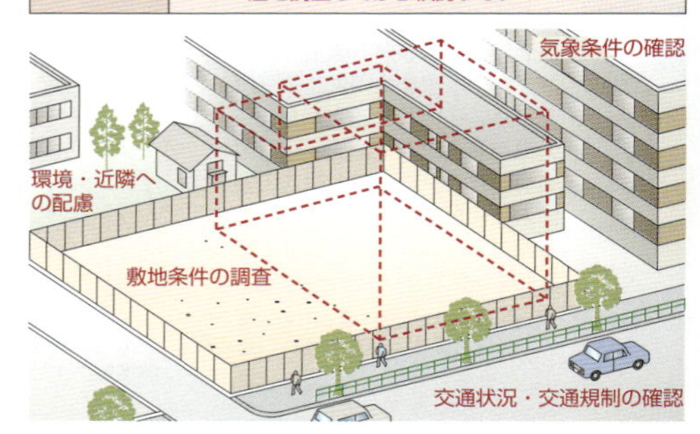

計画 2

施工計画報告書の提出／建築基準法第12条第5項

建築確認申請の際の指示に従い、コンクリート工事着手前に「施工計画報告書」を作成し、市役所等の行政庁の建築主事または指定確認検査機関に提出する。また、工事完成時には「施工結果報告書」を提出しなければならない。

施工計画書に記載する主な事項は以下のとおり。

①工事監理者名、工事施工者名、工事現場名称・所在地

②工事の種類（新築、増築、改築の別）

③規模（階数、建築面積、延べ面積）
④構造（RC造、SRC造、S造 等）
⑤配置図（方位、ポンプ車等の位置および道路幅員 等）
⑥レディーミクストコンクリート製造会社
⑦コンクリート強度（設計基準強度、品質基準強度）
⑧スランプ
⑨コンクリートポンプ圧送計画
⑩特殊なコンクリート（寒中コンクリート、暑中コンクリート）
⑪塩化物イオン量の予測値と塩害の有無
⑫アルカリ骨材反応対策
⑬設計かぶり厚さ
⑭施工養生対策（打込み所要人員、養生方法、支柱の除去）等
⑮検査計画

計画 3

コンクリート工事に関連するその他の届出

建物や工事の条件に応じて、事前に労働基準監督署や所轄の警察署、土木事務所に必要な届出を提出期限内に行う。

各種届出

名称	対象工事	関連法規／提出先	提出期限
工事計画届出	高さが31mを超える建物 10m以上の地山の掘削	安衛法第88条 労働基準監督署	工事開始14日前まで
設置届	支柱の高さが3.5m以上の型枠支保工	安衛法第88条 労働基準監督署	作業開始30日前まで
道路使用許可願い	道路上を一時使用 （コンクリート打込み等）	道路交通法第77条 警察署長	着工前*
道路占用許可申請	歩道切下げ（工事用ゲート） 道路の占用（仮囲い、足場）	道路法第32条　道路管理者（土木事務所）	着工前*

*道路使用や道路占用の提出期限は、行政によって異なるため、事前に確認する。

計画 4

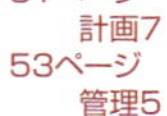

31ページ 計画7
53ページ 管理5

環境・近隣への配慮

①コンクリート工事における騒音や振動、粉じん、打込み後の洗い水による道路の汚れや水質汚濁など、環境・近隣に配慮した計画を立案する。
②コンクリート打込み日の生コン車の交通量や夜間にまで及ぶ仕上げ作業などは、近隣住民に対して事前説明をする。
③コンクリート打込み予定日の事前告知と交通誘導員の増員。

コンクリートのポイント

☞ 工事着手前には敷地条件、交通状況・規制等の調査を行う。
☞ 確認申請に基づき、建築主事または指定確認検査機関に「施工計画報告書」を提出する。
☞ 労働基準監督署、所轄警察署、土木事務所に必要書類を提出期限内に届出する。
☞ 現場周辺の環境や近隣に配慮した施工計画を立案するとともに、必要に応じて事前説明を行う。

② 設計図書

計画 1

設計図書の確認

コンクリート工事の着手にあたっては、まず設計図書（現場説明書、特記仕様書、設計図）でコンクリート工事における要求品質・性能を確認する。

使用するコンクリートの仕様等で不明な点があれば、あらかじめ工事監理者に確認しておくこと。

計画 2

準拠図書の確認

設計図書において、当該現場で適用する準拠図書を確認する。標準的な準拠図書には以下のものがあり、図書によって記載が異なる場合があるので、設計図書等で指示されている優先順位に従って採用する。

『建築工事標準仕様書・同解説（JASS 5）』日本建築学会
『公共建築工事標準仕様書（建築工事編）』公共建築協会
『建築工事監理指針（上巻）』公共建築協会

上記のほか「発注者独自の仕様書」や「設計事務所独自の仕様書」もあるので注意すること。

計画 3

14ページ 基本1
16ページ 基本1
17ページ 基本2 基本3
18ページ 基本1 基本2 参考1 参考2
19ページ 基本3 基本4
20ページ 基本1
21ページ 基本2 基本3 基本4
2009
114ページ 3.4

コンクリート特記仕様の確認

構造図には、使用するコンクリートの「特記仕様」が記載されている。特記仕様で以下の内容を確認する。

①計画供用期間（短期、標準、長期、超長期）
②骨材によるコンクリートの種類（普通、軽量1種、軽量2種）
③要求性能によるコンクリートの種類（普通、高強度、高流動、水中ほか）
④設計基準強度、スランプ
⑤水セメント比、単位水量の規定
⑥セメントの種類、混和剤、混和材

使用箇所	種類	設計基準強度 Fc(N/mm^2)	計画供用期間の級	耐久設計基準強度 Fd(N/mm^2)	品質基準強度 Fq(N/mm^2)
5階柱～塔屋	普通	24	標準	24	24
1階柱～5階床	普通	27	標準	24	27
1階床 基礎梁	普通	24	標準	24	24
土間コンクリート	普通	18	短期	18	18
捨てコンクリート	普通	18			18

使用箇所	種類	構造体強度管理用供試体の養生	単位水量 (kg/m^3)	所要スランプ (cm)	混和剤
5階柱～塔屋	普通	標準養生	185以下	18	AE減水剤
1階柱～5階床	普通	標準養生	185以下	18	AE減水剤
1階床 基礎梁	普通	標準養生	185以下	18	AE減水剤
土間コンクリート	普通	標準養生	175以下	15	AE減水剤
捨てコンクリート	普通			15	

コンクリート工事特記仕様（例）

参考 1

2009

114ページ
2.4

計画供用期間の級（年）

計画供用期間

等　級	計画供用期間	耐久設計基準強度
短　期	約 30年	18N/mm^2
標　準	約 65年	24N/mm^2
長　期	約100年	30N/mm^2
超長期	約200年	36N/mm^2*

＊計画供用期間の級が超長期で、かぶり厚さを10mm増やした場合は30N/mm^{2}とすることができる。

計画 4

48ページ
計画1
計画2
計画3
75ページ
管理6
100ページ
ポイント1
108ページ
ポイント1
ポイント2

施工計画のための確認事項

設計図書別重要確認事項

確認事項		内　容
意匠図	建物形状	階高、段差、屋根勾配、階段形状、窓形状等
	敷地条件	建物配置、隣家の状況、周辺道路幅員、敷地の高低差等
	コンクリート表面の仕上げ要求精度（矢印の順に高くなる）	壁仕上げ 塗り壁、胴縁下地→タイル下地→打放し（吹付け、塗装、クロス下地） 床仕上げ モルタル塗り床、石下地、→タイル直張り、防水下地→直押え
構造図	配筋要領のひび割れ防止補強	外壁端部、屋上スラブ隅部、開口部
	壁、スラブの厚さと配筋	鉄筋比、かぶり厚さ
	特殊部位の形状と配筋	開口部、キャンティスラブ、階段
	SRC造	鉄骨の形状と鉄骨とのクリアランス
	構造スリット	位置、形状、完全スリット、部分スリット
	誘発目地	配置、目地の断面欠損率
	配筋が過密でコンクリート打込みが困難な箇所	柱・梁仕口部、開口部周辺
設備・電気図	設備・電気工事の取合い	配管箇所（過密配管がないか）、スリーブ・埋込みボックス

コンクリートのポイント

- コンクリート工事に先立ち、まず当該工事に適用する準拠図書を発行年度も含めて確認する。
- 構造図の特記仕様で、使用するコンクリートの種類や設計基準強度等を必ず確認する。
- 意匠図等では、建物形状、敷地条件、仕上げ区分、構造図では、鉄筋、鉄骨、構造スリット等のほか、設備・電気工事との取合いも確認する。

3 躯体図作成と生コン数量拾い

計画 1

躯体図

躯体図は、躯体施工業者が共通で使用する施工管理の基本図面。

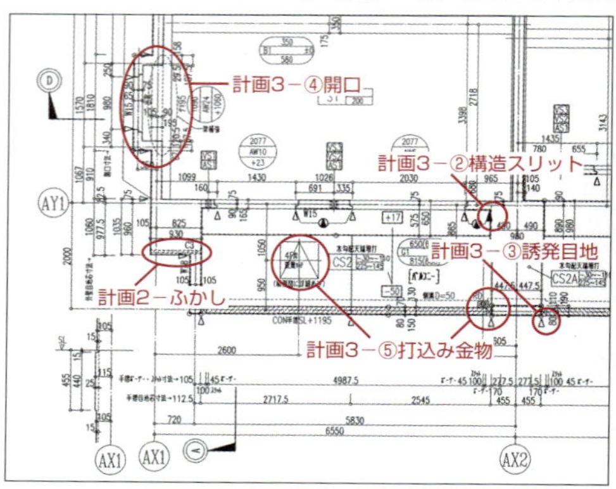

躯体図（例）

コンクリート工事に先立ち、躯体図を作成する。躯体図は部位に応じて、「杭伏図」「基礎伏図」「土間伏図」「各階見上げ図」「屋根伏図」等を作成する。

計画 2

躯体図の見方

躯体図の見方

縮　尺	設計図書は1/100～1/200で作図されているが、躯体図は詳細な情報を書き込むため、通常1/50で作成される。
見上げ図	設計図書は、通常その階の柱壁と梁スラブを1枚の図面に表した「見下げ図」として作図されているが、躯体図では1フロアの躯体工事を1枚の図面で施工できるよう、上階の梁スラブを表した「見上げ図」で作図される。
ふかし	躯体図での部材断面寸法は、構造図の設計寸法に、仕上げや納まりを考慮してふかし寸法が加えられている。
記　号	施工図では、梁やスラブ、開口部の寸法を記号化して記載され、構造スリットなども記号で記入されている。

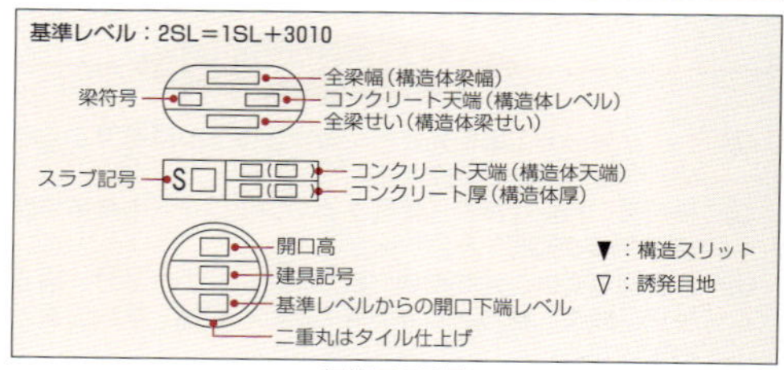

躯体図の凡例

計画 3

64ページ
管理1
管理2

躯体図での確認事項

①断面寸法：施工性が考慮されているかを確認する。

✍必要以上に細かな断面形状にするとコンクリートが充填できないので注意！

②構造スリット：構造スリットで壁等が分断されている場合、その左右を均等に打ち込む。均等に打ち込まず、片押しになった場合、コンクリートの圧力により構造スリットが押し出される危険がある。適切な位置・形状となっているかを確認する。

③誘発目地：コンクリートのひび割れをコントロールできるよう、仕上げに合わせて適切な大きさ・間隔で計画する。

④開口・段差：大きな開口や出窓、階段などはコンクリートの打込みが困難なため、打込み方法を考えながら確認する。

⑤打込み金物：ルーフドレンやマンホール類は、躯体工事と同時にコンクリートに打ち込むため、正確な位置や高さを躯体図に記入する。

計画 4

48ページ
計画1
計画3

コンクリートの「数量拾い」

積算時の設計図書による「拾い」とは別に、施工段階では躯体図を基準に数量を拾い、コンクリート量を正確に把握する。

①あとで工区を分割したときにも数量を把握しやすいように、通り心ごとの柱、壁、梁、スラブを符号別に拾う。

②断面は、設計寸法ではなくふかし等を考慮した寸法で拾う。

③拾いは、一般に以下のルールで行う。

- 鉄筋や小径配管類の体積は除かない。
- 鉄骨の体積は、鉄骨7.85tをコンクリート1m^{3}に換算して除く。
- 開口部は計算して除くが、内法の見付け面積が0.5m^{2}以下の場合は除かない。

④基準階等では、拾い数量と下階の打込み実績数量と比較し、必要に応じて数量を補正する。

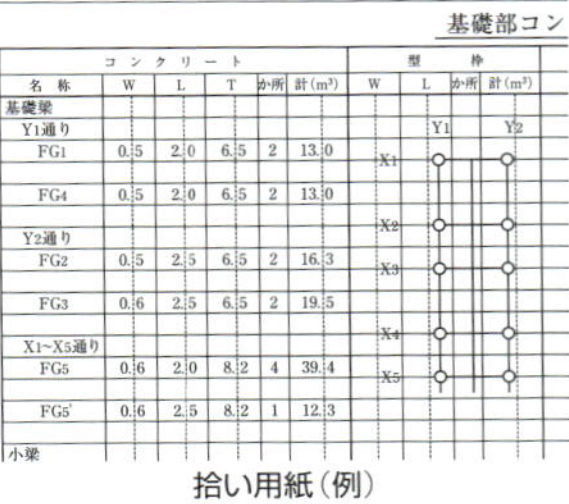

基礎部コン

コンクリート						型枠			
名称	W	L	T	か所	計(m^3)	W	L	か所	計(m^2)
基礎梁									
Y1通り									
FG1	0.5	2.0	6.5	2	13.0				
FG4	0.5	2.0	6.5	2	13.0				
Y2通り									
FG2	0.5	2.5	6.5	2	16.3				
FG3	0.6	2.5	6.5	2	19.5				
X1~X5通り									
FG5	0.6	2.0	8.2	4	39.4				
FG5'	0.6	2.5	8.2	1	12.3				
小梁									

拾い用紙（例）

コンクリートのポイント

☞ コンクリート工事に先立ち、仕上げを考慮したふかし等を記入した「躯体図」を作成する。

☞ 基準階の躯体図は、「見上げ図」で作図されているので注意する。

☞ 躯体図は、コンクリートの打込み方法や充填性を考慮しながら確認する。

☞ 施工するコンクリート量の拾いは、躯体図を基に通り心、符号別に正確に集計する。

 工程計画

計画 1 全体工程の把握

34ページ
参考1

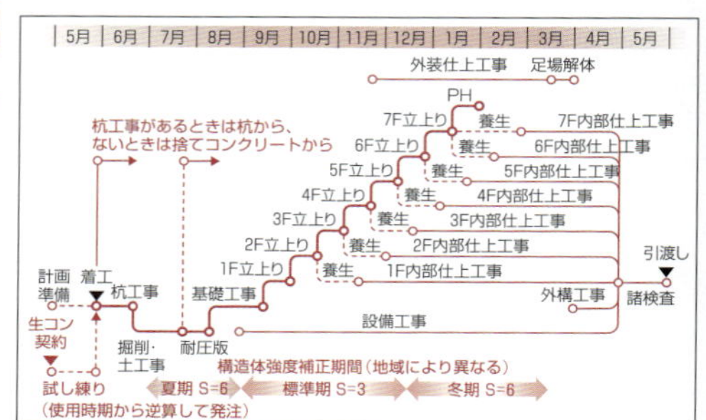

全体工程表（例）

①コンクリートの契約時期
場所打ち杭があるときは杭工事から、それ以外の場合は捨てコンクリート打込み日から逆算し、調合決定の期間を考慮して約1カ月までにはコンクリートを契約する。

②調合の決定時期
調合決定のために試し練りを行う場合は、試し練りコンクリートの強度確認（28日）ができないとコンクリートの打込みができないので注意する。ただし、JIS配合で工事監理者の承認を得られた場合は、試し練りを省略することができる。

③構造体強度補正の期間
全工事工程から各コンクリートの打込み時期を確認して呼び強度を決定する。構造体強度補正値は、期間と地域によって異なるため、事前に調査をしておくこと。

計画 2 サイクル工程の計画

関連する型枠大工、鉄筋工、設備・電気工の工事量を考慮し、基準階の1フロアの打込みまでのサイクル工程を検討する。

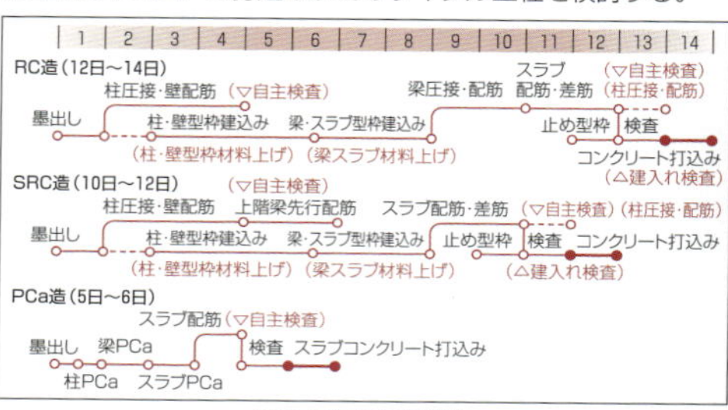

サイクル工程表（例）

計画 3　サイクル工程の管理のポイント

48ページ 計画1 計画3
103ページ ポイント5

①工程内検査

躯体サイクルの各工程段階での工程内検査を、サイクル工程に明示する。柱か壁の型枠返しやコンクリート打込み前日の工事監理者検査までに、すべての鉄筋と型枠の自主検査が完了している必要がある。

②型枠脱型と転用

柱・壁型枠や梁・スラブ支保工の解体は、所定の強度発現後に行うため、その養生期間と型枠の転用を考慮してサイクル工程を決める。一般的には柱・壁の型枠は1フロア分、梁・スラブの支保工は2～3フロア分を準備して転用する。

型枠転用計画

③養生期間

コンクリート打込み後は、若材齢のコンクリートスラブ上への重量物の揚重を避ける。柱筋等はコンクリート打込み前に揚重し、配筋しておくとよい。

計画 4　工期短縮の検討

48ページ 計画1 計画2 計画3
62ページ 部位別打設方法（1）

工期が厳しい場合は、必要に応じて躯体の工区分割や合理化工法等の工期短縮を検討する。

①柱・梁鉄筋の先組み
②柱・梁等の構造躯体、スラブ、バルコニー等のPCa化
③階段のPCa化、鉄骨化
④コンクリート工区の細分化とVH分離打設

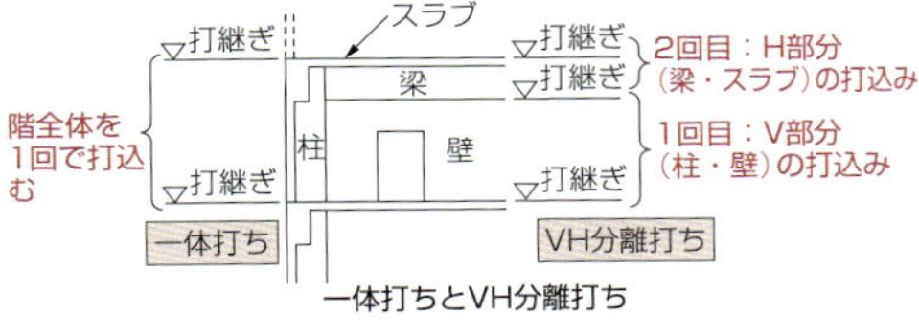

一体打ちとVH分離打ち

コンクリートのポイント

- 全体工程のコンクリート打込み日から逆算して、生コンの契約、試験練り、調合決定の時期を計画する。
- コンクリートの打込み時期から構造体強度補正の期間と値を確認し、調合管理強度（呼び強度）を決定する。
- サイクル工程で検査や養生、型枠の転用計画を確認すること。
- 工期が厳しい場合には、鉄筋の先組みやPCa化等の工期短縮案を検討し、工事監理者と協議する。

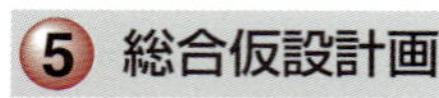

5 総合仮設計画

計画 1

総合仮設計画図

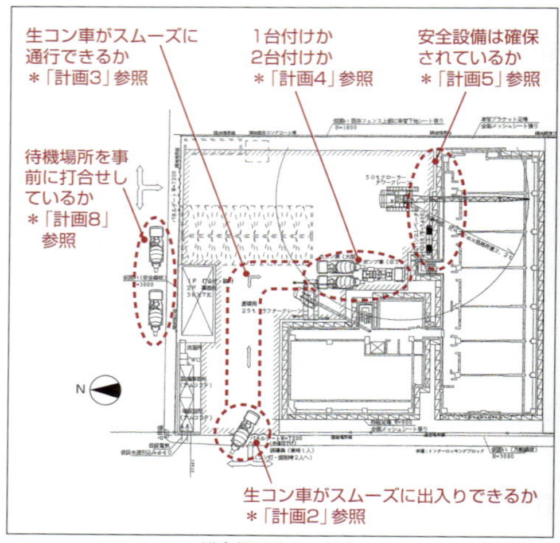

総合仮設計画図（例）

計画 2

ゲートの計画

①ゲートは、生コン車がスムーズに出入りできるような位置、幅、高さで計画する。

②生コン車は、満載時と空荷時では高さが10cm程度異なるため、斜面地や乗入れ構台など勾配がある場合は注意する。

③全面道路の幅員によっては進入角度が変わるため、ゲートの有効幅は車両の回転軌跡を考慮して決める。

計画 3

仮設道路・乗入れ構台の設置

①生コン車の重量に耐える構造とする。降雨時等に、生コン車がぬかるみに車輪をとられないように、一般には鉄板敷きとする。

②生コン車が上り下りできる勾配または構造とする。

③生コン車が行き違える幅員を確保する（6～8m）。

④上部に障害物や架空電線などがないか確認する。

計画 4

43ページ
計画3
45ページ
計画4

ポンプ車・生コン車の配置

①ポンプ車の設置位置と台数を決定する。

②圧送高さと配管方法（ブーム形式か配管形式か）を確認する。

③生コン車の同時設置台数（1台付けか2台付けか）を確認する。

④生コン車の動線（切り返しせずに効率よく出入りできる配置か）を確認する。

計画 5　足場・揚重設備の計画

①通常は躯体工事に使用した外部・内部足場を使用してコンクリート打込みを行うが、打込み作業に必要な高さの作業床を確保する。
②安全確保のために、手すりや水平養生ネット、昇降設備等を適切に配置する。
③万が一コンクリートが飛んでも周囲に飛散しないように、外周の足場にはメッシュシートなどの垂直養生をする。
④外部足場がポンプ車のブームと干渉しないよう計画する。
⑤ポンプ配管や機械ごてを揚重するための設備（クレーン、エレベーター）の要否を事前に打合せする。

計画 6　仮設電気の計画

①電源設備：バイブレーターなどの容量に応じて計画する。
②照明設備：下階照明、スラブ上の照明（夜間）。
③躯体打込み照明の要否。

計画 7　仮設水道の計画

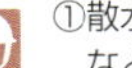

23ページ
計画4

①散水設備：型枠の水湿し、コンクリート打込み後の表面養生など。
②洗車設備：生コン車のタイヤ清掃。
③排水設備：セメントが混ざった水は直接排水しない。

生コンの洗い水はアルカリ性であるため、そのままでは下水道に排水できない。ノッチタンク等に回収し、中和処理して排水基準にのっとり排水する。

計画 8　生コン車の待機場所等の確保

42ページ
計画2
56ページ
管理2

コンクリート打込みの際は、通常数十台の生コン車が連続して出入りし場内が錯綜するため、事前に下記項目についても検討し計画しておく。
①生コン車の待機場所
②打込みを終了した生コン車の洗い場所
③受入れ検査のスペース
④残コンクリートの処理方法

コンクリート打込み終了後に、ポンプ配管やポンプ車のホッパーに残った残コンクリートを仮設などで利用できないか事前に計画しておく。

コンクリートのポイント

☞ 総合仮設計画では、ゲートや仮設道路、乗入れ構台、ポンプ車と生コン車の配置などを検討する。
☞ 打込みに必要な足場（内部・外部）の確保と、シート等によるコンクリートの飛散養生を計画する。
☞ 打込み時のバイブレーターや照明等の仮設電気、散水や洗車等の給排水設備も計画する。
☞ 余剰コンクリートの処理方法も事前に検討しておく。

6章 調合計画・試し練り

① 生コン工場の選定と生コンの発注（手配）

計画 1

生コン工場選定の仕組み

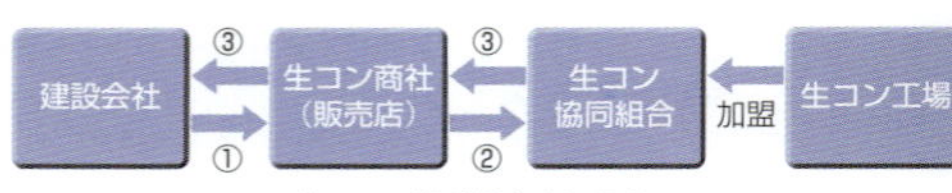

生コン工場が選定されるまで

①建設会社は生コン商社を決める。その後、現場所在地および生コン工場での品質管理状況を考慮した上で、希望の生コン工場を決定する。

②生コン商社が、建設会社の希望を踏まえて地域の生コン協同組合と調整を行う。

③生コン協同組合が現地調査後、建設会社の希望を踏まえて組合員（工場）の調整を行い、生コン商社を通じて建設会社に了解を求める。

生コン協同組合では、生コン工場の選定に際して、その地区の工場の割当てを行う「生コンの共販制度」を設けている。現在ではこの共同販売方式が一般的になっており、施工者が直接工場の選定に関与しにくい仕組みになっている。

計画 2

42ページ 計画2

生コン工場の選定条件

①JIS適合性認証工場であること

登録認証機関の認証を受け、JISマークの表示が認められた生コン工場はJIS適合性認証工場となる。

日本産業規格（JIS）で規定（JIS A 5308）しているコンクリートは、普通コンクリート、軽量コンクリート、舗装コンクリート、高強度コンクリートの4種類で、粗骨材の最大寸法、スランプまたはスランプフロー、呼び強度の組合せによって規格品を定めている。

なお、生コンはJISの「コンクリート用語」では、レディーミクストコンクリートと呼ばれている。

②生コン工場にコンクリート主任技士などが常駐していること

③生コン工場が所定時間限度内にコンクリートを打ち込める距離に立地していること

④工事で必要な1日の打込み量に対して、十分な出荷能力があること

⑤工事で必要な種類・強度のコンクリートに対し、十分な製造能力があること

㊜マーク

このほか、全国生コンクリート工業組合連合会が1995年に発足させた「全国統一品質管理監査制度」がある。生コンの品質管理の透明性や公正性を高め、コンクリートの品質保証体制を確立することを目的としたもので、監査に合格した工場には㊜マークが交付されるため、工場選定の際の参考となる。

計画 3

37ページ 計画4
38ページ 計画1

生コンの発注（手配）

生コン商社への発注（手配）は打込み予定日が確定した段階で、通常打込み予定日の1～2週間前に行う。

✍特殊な材料を使う場合で、セメントサイロや骨材サイロの入れ替え等が必要なときは早めに連絡する。

レディーミクストコンクリートの種類と規格　(JIS A 5308 2019)

レディーミクストコンクリートの種類		普通コンクリート						軽量コンクリート	高強度コンクリート	
粗骨材の最大寸法(mm)		20、25						15	20、25	
スランプまたはスランプフロー(cm)*		8、10、12、15、18	21	45	50	55	60	8、10、12、15、18、21	12、15、18、21	45、50、55、60
呼び強度	18	○	–	–	–	–	–	○	–	–
	21	○	○	–	–	–	–	○	–	–
	24	○	○	–	–	–	–	○	–	–
	27	○	○	○	–	–	–	○	–	–
	30	○	○	○	–	–	–	○	–	–
	33	○	○	○	○	–	–	○	–	–
	36	○	○	○	○	○	–	○	–	–
	40	○	○	○	○	○	○	○	–	–
	42	○	○	○	○	○	○	–	–	–
	45	○	○	○	○	○	○	–	–	–
	50	–	–	–	–	–	–	–	○	○
	55	–	–	–	–	–	–	–	–	○
	60	–	–	–	–	–	–	–	–	○
	曲げ4.5	–	–	–	–	–	–	–	–	–

*荷卸し地点の値であり、45、50、55、60cmがスランプフローの値。

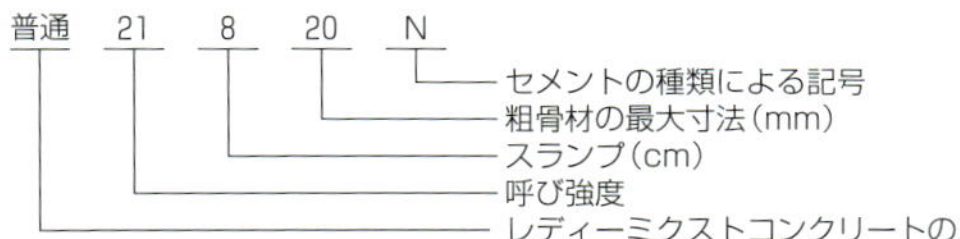

レディーミクストコンクリートの呼び方

計画 4

52ページ 管理1

生コン商社に発注する際の確認事項

①指定事項の確認
②打込み日と打込み量、開始時刻
③コンクリートの荷卸し場所、生コン車の洗車場所
④1時間当たりの打込み量、生コン車の配車間隔
⑤2種類以上のコンクリートを使用する場合の納入順序

コンクリートのポイント

☞生コン工場の選定においては、①JIS適合性認証工場か、②コンクリート主任技士などが常駐しているか、③生コン工場から現場までの運搬時間が所定限度内にあるか、④1日の打込み量に対して十分な出荷能力があるか、⑤工事で必要な種類・強度のコンクリートに対し、十分な製造能力があるか、の条件を満たしていること。

☞生コンの発注（手配）は、打込み予定日が確定した段階で、予定日の1～2週間前に行い、打込み前日と当日の朝に再度内容を確認する。

2 調合計画（1）

計画 1

20ページ 基本1
21ページ 基本4
2009
116ページ 5.2

調合管理強度（Fm）の定め方

$Fm=Fq+mSn$（N/mm²）

ここに、Fm：コンクリートの調合管理強度（N/mm²）

Fq：コンクリートの品質基準強度（N/mm²）
品質基準強度は、設計基準強度または耐久設計基準強度のうち、大きいほうの値とする。

mSn：構造体強度補正値（N/mm²）
材齢m日の標準養生供試体強度と、材齢n日の構造体コンクリート強度の差。ただし、mSnは0以上の値とする。

参考 1

21ページ 基本4
2018
134ページ 11.11

構造体強度補正値（mSn）

構造体強度補正値mSnは、mを試験材齢（原則28日）、nを保証材齢（原則91日）とし、下表によりセメントの種類およびコンクリート打込みから材齢28日までの予想平均気温の範囲に応じて定める。

構造体補正強度mSnのJASS 5標準値[2)]

セメントの種類	コンクリートの打込みから28日までの期間の予想平均気温θの範囲（℃）	
早強ポルトランドセメント	$0 \leq \theta < 5$	$5 \leq \theta$
普通ポルトランドセメント	$0 \leq \theta < 8$	$8 \leq \theta$
中庸熱ポルトランドセメント	$0 \leq \theta < 11$	$11 \leq \theta$
低熱ポルトランドセメント	$0 \leq \theta < 14$	$14 \leq \theta$
フライアッシュセメントB種	$0 \leq \theta < 9$	$9 \leq \theta$
高炉セメントB種	$0 \leq \theta < 13$	$13 \leq \theta$
構造体強度補正値 $_{28}S_{91}$（N/mm²）	6	3

＊暑中期間（25℃以上）における構造体強度補正値$_{28}S_{91}$は6N/mm²とする。

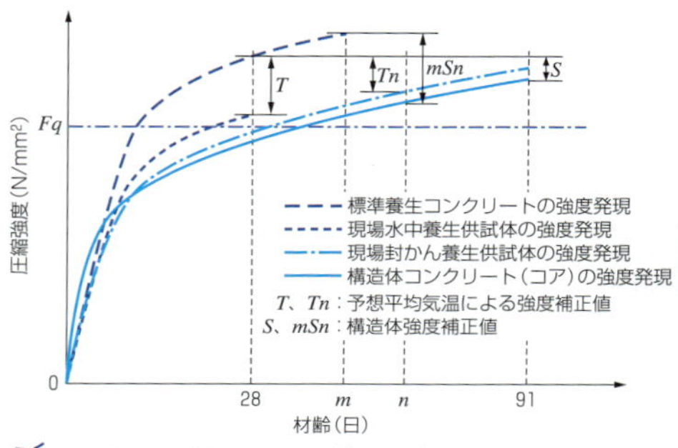

T、Tnについては、117ページ「5.2 調合強度」参照。

各種養生した供試体の強度発現性と強度補正値[3)]

計画 2

20ページ 基本1
34ページ 計画1

2009

116ページ 5.2

調合強度の定め方

調合強度は、標準養生した供試体の材齢m日における圧縮強度で表す。調合強度を定める材齢mは原則として28日とする。

$F \geqq Fm + 1.73\sigma$ (N/mm²)

$F \geqq 0.85Fm + 3\sigma$ (N/mm²)

ここに、F：コンクリートの調合強度(N/mm²)

Fm：コンクリートの調合管理強度(N/mm²)

σ：使用するコンクリートの圧縮強度の標準偏差(N/mm²)

調合強度は、構造体コンクリート強度が施工上必要な材齢において必要な強度を満足するように定める。

コンクリートの計画調合の表し方

品質基準強度 (N/mm²)	調合管理強度 (N/mm²)	調合強度 (N/mm²)	スランプ (cm)	空気量 (%)	水セメント比 (%)	粗骨材の最大寸法 (mm)	細骨材率 (%)	単位水量 (kg/m³)

絶対容量 (l/m³)				質量 (kg/m³)				化学混和剤の使用料 (ml/m³) または (C×%)	計画調合上の最大塩化物イオン量 (kg/m³)
セメント	細骨材	粗骨材	混和材	セメント	細骨材	粗骨材	混和材		

計画 3

21ページ 基本2

水セメント比の決定

水セメント比の最大値

セメントの種類		水セメント比の最大値(%) 短期・標準・長期	超長期
ポルトランドセメント	早強ポルトランドセメント 普通ポルトランドセメント 中庸熱ポルトランドセメント	65	55
	低熱ポルトランドセメント	60	
混合セメント	高炉セメントB種	60	—

＊その他の混合セメントに関しては2009年版『JASS 5』参照。

コンクリートのポイント

- 骨材の質量は、普通骨材の場合は通常、表面乾燥飽水状態で明示する。ただし、軽量骨材の場合は絶対乾燥状態とする。
- 構造体強度補正値mSnは信頼できるデータ、または『JASS 5』標準値を使用して、打込み後28日間の予想平均気温により定める。
- 水セメント比は、耐久性、ワーカビリティーおよび所要の強度を満足するように生コン工場実績値により定め、品確法の性能表示における劣化等級に注意する。

3 調合計画(2)

計画 1

33ページ
計画3

スランプ

コンクリートのスランプ値は、調合管理強度33N/mm²以上の場合は21cm以下、33N/mm²未満の場合は18cm以下とする。打ち込む部材の形状、配筋状況、施工性等を考慮し可能な限り小さな値とする。

ただし、過密配筋等の条件下において、指定されたスランプでは打込みが困難な場合には、高性能AE減水剤の使用により単位水量を増やすことなく、スランプを1ランク(18→21cm等)大きくするなどの対応を検討して、工事監理者の承認を得る。

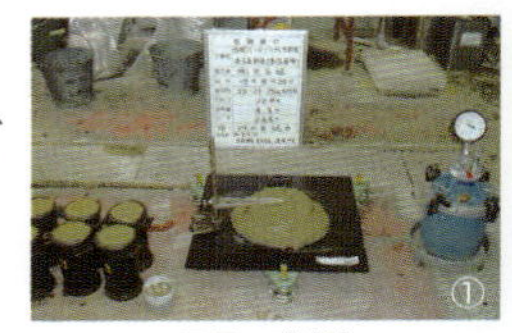

スランプ試験

計画 2

単位水量

通常、スランプを大きくすると単位水量が増大し、材料分離・乾燥収縮の増大・ブリーディングの増加、コンクリートの沈降等、さまざまな悪影響が生じる。『JASS 5』ではこれらの影響を考慮して、単位水量の上限値を185kg/m³と規定し、この値を超えている場合には、185kg/m³以下(杭の場合200kg/m³以下)にするように生コン工場へ指示する。地域の骨材事情により185kg/m³以下にすることが困難な場合は、高性能AE減水剤の使用を検討し、工事監理者の承認を得る。

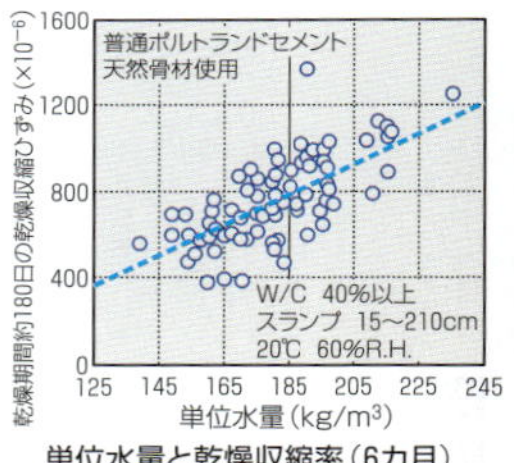

単位水量と乾燥収縮率(6カ月)の関係[4]

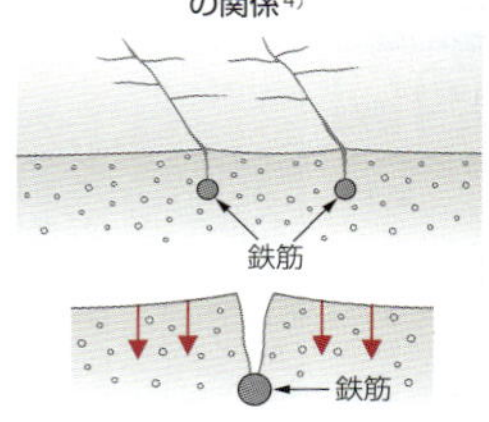

ブリーディングによる沈みひび割れ

計画 3

空気量

空気量は、コンクリートの凍結融解性を考慮して通常4~5%で調合設計される。

高強度コンクリートなどの一部のコンクリートでは、圧縮強度の低下を防ぐ目的で空気量を2~3%程度に低減する場合がある。ただし、品確法の性能表示において「劣化等級3」を取得する場合で、平滑平年値の日最低気温の年間極値が0℃を下回る地域では、コンクリートの凍結融解抵抗性を考慮して空気量を4~6%にする必要があるため注意する。

計画 4

16ページ 基本1
33ページ 計画3

調合表のセメントの記号表記

セメント種類は、調合表では右表の記号で表記される。
セメントの選定は、打ち込む部材の形状や必要強度の発現時期を考慮して、適正に選択する。

セメント種類と記号

記号	セメント種類
N	普通ポルトランドセメント
H	早強ポルトランドセメント
BB	高炉セメントB種
M	中庸熱ポルトランドセメント
L	低熱ポルトランドセメント

計画 5

塩化物含有量（塩化物イオン量）

原則として0.30kg/m³以下とする。

やむを得ず0.30kg/m³を超える場合は、管理値0.60kg/m³以下とし、鉄筋防錆のための有効な対策を講じる。

計画 6

18ページ 参考1 参考2

骨材のアルカリシリカ反応性による区分

調合表には、骨材のアルカリシリカ反応性による区分と判定に用いた試験方法が記載される。「A」判定の骨材を使用すること。
区分A：反応性試験の結果が「無害」と判定されたもの
区分B：反応性試験の結果が「無害」と判定されないもの、
または試験を行っていないもの

計画 7

19ページ 基本4

混和材

フライアッシュ、高炉スラグ微粉末、シリカフューム、膨張材、防水材等の混和材を使用する場合は、混和材の種類、使用方法、使用量等を必ず特記する。

計画 8

2009

114ページ 3.8

ヤング係数（E）

下式で算定される値の80%以上であることを試験より確認する。
ただし、類似調査のデータがある場合は試験を省略できる。

$$E=3.35\times10^4\times\left(\frac{\gamma}{2.4}\right)^2\times\left(\frac{\sigma_B}{60}\right)^{\frac{1}{3}}\ (\mathrm{N/mm^2})$$

ただし、γ：コンクリートの単位容積質量（t/m³）
σ_B：コンクリートの圧縮強度（N/mm²）

計画 9

2015

128ページ 3.8

乾燥収縮率

計画供用期間の級が長期および超長期の場合は、8×10^{-4}以下であることを試験により確認する。ただし、類似調合のデータがある場合には試験を省略できる。

コンクリートのポイント

- スランプの設定は、原則として18cm以下（33N/mm²未満の場合）、21cm以下（33N/mm²以上の場合）であるが、過密鉄筋等で打込みが困難な場合には、工事監理者の承認を得て変更することを検討する。ただし、調合は単位水量が増えないように化学混和剤で調整する。
- 乾燥収縮、ブリーディング等が過大とならないように、単位水量は185kg/m³以下に抑える。

④ 配合（調合）計画書の見方

計画 1 レディーミクストコンクリート配合(調合)計画書

レディーミクストコンクリート配合(調合)計画書は、「配合（調合）計画書」「配合（調合）計算書」および「各種材料試験成績表」で構成される。「各種材料試験成績表」は、セメント、各種骨材、化学混和剤および練混ぜ水の試験成績表と「骨材のアルカリシリカ反応性試験結果報告書」の写しからなる。

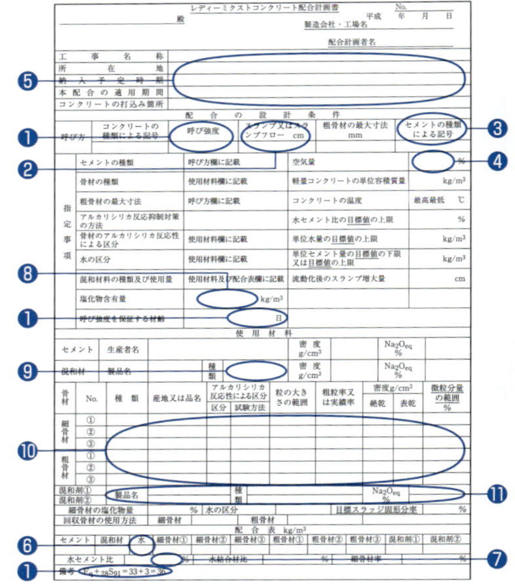

レディーミクストコンクリート配合計画書　No.

殿　　平成　年　月　日

製造会社・工場名

配合計画者名

工事名称	
所在地	
納入予定時期	
本配合の適用期間	
コンクリートの打込み箇所	

配合の設計条件

呼び方	コンクリートの種類による記号	呼び強度	スランプ又はスランプフロー cm	粗骨材の最大寸法 mm	セメントの種類による記号

指定事項			
セメントの種類	呼び方欄に記載	空気量	%
骨材の種類	使用材料欄に記載	軽量コンクリートの単位容積質量	kg/m³
粗骨材の最大寸法	呼び方欄に記載	コンクリートの温度	最高最低 ℃
アルカリシリカ反応抑制対策の方法		水セメント比の目標値の上限	%
骨材のアルカリシリカ反応性による区分	使用材料欄に記載	単位水量の目標値の上限	kg/m³
水の区分	使用材料欄に記載	単位セメント量の目標値の下限又は目標値の上限	kg/m³
混和材料の種類及び使用量	使用材料及び配合表欄に記載	流動化後のスランプ増大量	cm
塩化物含有量	kg/m³		
呼び強度を保証する材齢	日		

使用材料

セメント	生産者名			密度 g/cm³		Na_2O_{eq} %	
混和材	製品名		種類	密度 g/cm³		Na_2O_{eq} %	

骨材	No.	種類	産地又は品名	アルカリシリカ反応性による区分 区分	アルカリシリカ反応性による区分 試験方法	粒の大きさの範囲	粗粒率又は実績率	密度g/cm³ 絶乾	密度g/cm³ 表乾	微粒分量の範囲 %
細骨材	①									
	②									
	③									
粗骨材	①									
	②									
	③									

混和剤①	製品名	種類	Na_2O_{eq} %	
混和剤②				

細骨材の塩化物量	%	水の区分		目標スラッジ固形分率	%
回収骨材の使用方法	細骨材		粗骨材		

配合表 kg/m³

セメント	混和材	水	細骨材①	細骨材②	細骨材③	粗骨材①	粗骨材②	粗骨材③	混和剤①	混和剤②

水セメント比	%	水結合材比	%	細骨材率	%

備考 $F_q + {}_{28}S_{91} = 33 + 3 = 36$

配合計画書（例）

配合計算書

呼び方	コンクリートの種類による記号	呼び強度	スランプまたはスランプフロー cm	粗骨材の最大寸法 mm	セメントの種類による記号
	普通	36	18	20	N

指定事項			
セメントの種類	呼び方欄に記載	空気量	4.5 %
骨材の種類	使用材料欄に記載	軽量コンクリートの単位容積質量	— kg/m³
粗骨材の最大寸法	呼び方欄に記載	コンクリートの温度	最高・最低 — ℃
アルカリシリカ反応抑制対策の方法	A	水セメント比の上限値	— %
骨材のアルカリシリカ反応性による区分	−	単位水量の上限値	— kg/m³
水の区分	−	単位セメント量の下限値または上限値	— kg/m³
混和材料の種類および使用量	使用材料および配合表欄に記載	流動化後のスランプ増大値	— cm
塩化物含有量	0.30kg/m3以下	−	—
呼び強度を保証する材齢	28 日	−	—

標準偏差（σ）　当社技術資料より	⓮ σ = 2.50（N/mm²）
配合強度（m） ⓬ m = 0.85SL + 3.00σ = 38.1 m = SL + 2.00σ = 41.0 以上より、配合強度（m）= 41.0（N/mm²）とします。	⓭ m = 41.0（N/mm²）
水セメント比（W/C） W/C = 29.7 ÷ （41.0 + 24.7）× 100 = 45.205（%）	W/C = 41.5（%）
単位水量（W）　当社技術資料より	W = 170（kg/m³）
単位水量（C）	

配合計算書（例）

＊上記の❶〜⓮は、39ページ「計画2」を参照のこと。

計画 2 配合（調合）計画書の確認事項

❶呼び強度（呼び強度を保証する材齢） ＊20ページ「基本1」参照

❷スランプ ＊36ページ「計画１」参照

❸セメントの種別 ＊16ページ「基本1」、37ページ「計画4」参照

❹空気量 ＊36ページ「計画3」参照

❺適用期間、打込み箇所

打込み箇所、適用時期を確認し、適用コンクリートの「構造体強度補正値」が適切であることを確認する。

❻単位水量 ＊36ページ「計画2」参照

❼水セメント比 ＊35ページ「計画3」参照

❽塩化物含有量 ＊37ページ「計画5」参照

❾混和材の種類 ＊19ページ「基本4」、37ページ「計画7」参照

❿骨材の種類とアルカリシリカ反応性による区分 ＊18ページ「参考1、2」、37ページ「計画6」参照

⓫化学混和剤の種類 ＊19ページ「基本3」参照

⓬配合（調合）強度算定式 ＊35ページ「計画2」参照

コンクリート強度のばらつきを考慮した割増しは、『JASS 5』では1.73σ（不良率4%）となっているが、生コン工場では2.0σ（不良率2.28%）を採用しているところが多い。また、高強度コンクリート等では調合強度算定式が異なる場合があるので注意。

⓭配合（調合）強度 ＊35ページ「計画2」参照

⓮標準偏差

参考 1 レディーミクストコンクリート納入書

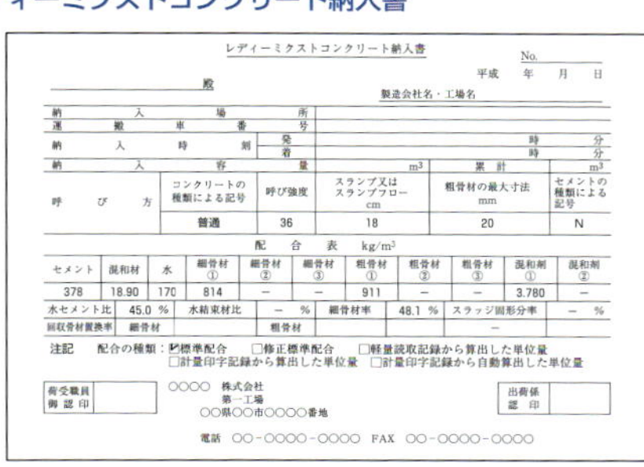

レディーミクストコンクリート納入書

No.

平成　年　月　日

殿

製造会社名・工場名

納入場所					
運搬車番号					
納入時刻	発	時 分			
	着	時 分			
納入容量		m³	累計	m³	
呼び方	コンクリートの種類による記号	呼び強度	スランプ又はスランプフロー cm	粗骨材の最大寸法 mm	セメントの種類による記号
	普通	36	18	20	N

配合表 kg/m³

セメント	混和材	水	細骨材①	細骨材②	細骨材③	粗骨材①	粗骨材②	粗骨材③	混和剤①	混和剤②
378	18.90	170	814	－	－	911	－	－	3.780	－

水セメント比	45.0 %	水結束材比	－ %	細骨材率	48.1 %	スラッジ固形分率	－ %
回収骨材置換率	細骨材		粗骨材			－	

注記　配合の種類：☑標準配合　□修正標準配合　□軽量読取記録から算出した単位量　□計量印字記録から算出した単位量　□計量印字記録から自動算出した単位量

荷受職員 御認印

○○○○ 株式会社
第一工場
○○県○○市○○○○番地

出荷係 認印

電話 ○○-○○○○-○○○○ FAX ○○-○○○○-○○○○

レディーミクストコンクリート納入書（例）

コンクリートのポイント

☞ 配合（調合）計画書の内容が、仕様に適合しているかを確認する。主な確認項目は、呼び強度、スランプ、セメントの種類、空気量、適用期間、打込み箇所、単位水量、水セメント比、塩化物含有量、混和剤・混和材の種類、等。

☞ マスコンクリート等では、コンクリートの管理材齢を28日より延長することでセメント量を低減できるが、型枠支保工の存置期間等の施工計画の確認が必要となる。

5 試し練り

計画 1

34ページ 計画1
36ページ 計画1 計画2 計画3
37ページ 計画5 計画7
76ページ 管理1 管理2

試し練り要領

試し練り作業（1バッチ（1種類）約30分）

材料計量（写真①）	配合（調合）計画書に基づいて工場側であらかじめ準備した所定量の各材料を、立会い時に再計量して全員で確認する。供試体6本の場合、計量準備材料＝30*l*／1バッチ分。

練混ぜ（写真②）	小型ミキサーに計量済みの材料を所定の順番に投入し、所定の時間練混ぜを行う。 所定の順番（例）：砂利→セメント→砂→水 （混和剤は計量後、水に混ぜておく） 所定の時間：傾胴型ミキサーでは180秒程度 2軸型ミキサーでは120秒程度

フレッシュコンクリート試験（写真③）	スランプ、フロー、空気量、塩化物イオン量、コンクリート温度、気温等を測定する。 同時に、目視、スコップ扱い等により粘度やがさつき加減（ワーカビリティー）などのフレッシュコンクリートの性状を確認する。

供試体作製（写真④）	フレッシュコンクリートの試験に合格したら、所定の本数の圧縮強度試験用供試体（テストピース）を作製する。試し練りでは通常、1週および管理材齢強度試験用の各3本で、計6本作製。 形状・寸法はJIS規格による。建築工事では通常、ϕ100×H200mmの型枠を使用する。

硬化コンクリートの試験

供試体キャッピング	供試体のコンクリートが硬化後、圧縮試験に備え上面を平滑に仕上げる。セメントペーストの塗付けによる方法や研磨方式による方法が多く採用されている。

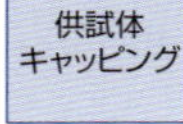

供試体の養生	所定の材齢に至るまで、所定の養生を行う。一般の試し練りでは、キャッピング硬化後に脱型し、標準養生（20℃水中養生）が多く行われる。

1週強度試験	供試体の材齢が1週に達したら圧縮強度試験を行い、強度の発現状況を確認する。また管理材齢強度の予測を立てる。

管理材齢強度試験	供試体の材齢が管理材齢に達したら圧縮強度試験を行い、調合計画の呼び強度以上（平均強度の目標値は配合強度相当）であることを確認する。不合格の場合は調合計画からやり直す（管理材齢は一般に28日である）。

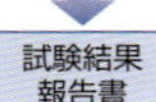

試験結果報告書	管理材齢強度試験まで完了したら、試し練りの全体の経過を記録した報告書を生コン工場が作成する。

＊1バッチ：1回に混練するコンクリートの量。

試し練りの手順（写真①～⑤の順に進行する）

1バッチ30*l*、供試体6本採取の例を以下に示す。
1週強度試験用：3本／管理材齢強度試験用：3本

①供試体（1本＝2*l*）
……………2*l*×6本＝12*l*
②空気量測定用……1回＝ 7*l*
③スランプ測定用…1回＝ 6*l*
合計 25*l*

1バッチ30*l*の内訳

計量された材料の確認

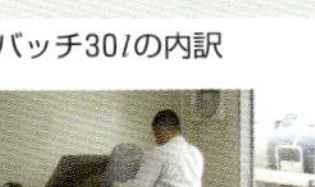

ミキサーによる練混ぜ

フレッシュ性状の確認

供試体採取

試し練り完了

32ページ 計画2
42ページ 計画1
97ページ ポイント6

試し練りでの確認事項

①スランプロス：運搬時間が長い場合は、時間の経過とともにスランプが低下するため、そのスランプロスの量を把握しておく。
②プラントの品質管理：骨材の表面水の管理や納入骨材の受入れ状況、プラント設備についても確認すること。
③コンクリートの分離抵抗性：スランプ21cmを超えるコンクリートは、分離抵抗性を確認する。

コンクリートのポイント

☞ 試し練りの時期は、現場でのコンクリート打込み予定日から強度管理材齢を逆算し、早めに実施する。
☞ 納入先生コン工場がJIS適合性認証工場で、打込み予定コンクリートがJISの規定に適合するレディーミクストコンクリートであれば、工事監理者の了解を得た上で試し練りを行わなくてもよい。
☞ 類似調合のヤング係数データがない場合は、ヤング係数試験用供試体を作成し試験を実施する。

7章 運搬

① 生コンの運搬方法

計画 1

32ページ 管理2
41ページ 計画3

コンクリートの運搬にともなう品質変化

コンクリートのスランプ、空気量等の品質は、工事現場内の運搬方法と時間の経過によって変化するため、その変化量を考慮して調合を検討し、材料分離、ワーカビリティーの低下が少ない運搬方法で迅速に行う。

スランプが低下したコンクリートは、事前に工事監理者と協議・承認を受けた上で流動化剤を添加してスランプを回復させてもよい。

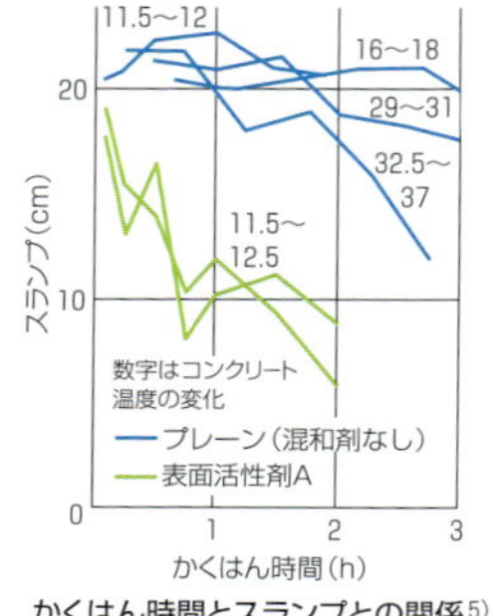

かくはん時間とスランプとの関係[5]

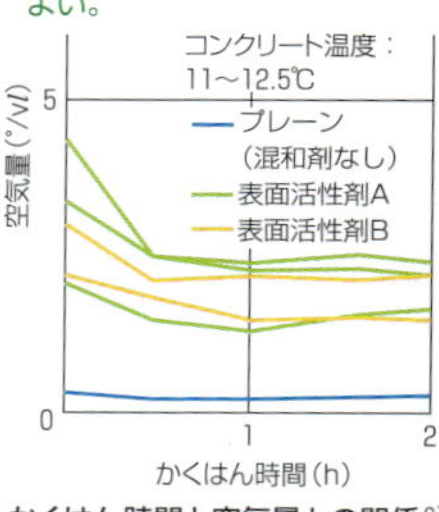

かくはん時間と空気量との関係[6]

計画 2

31ページ 管理8
32ページ 計画2

コンクリートの運搬時間

①生コン工場の選定

所定の時間限度内に運搬できる距離にある工場を選定する。現場近くに生コン工場がなく、時間限度を超える場合には、遅延型混和剤や冷却水によりコンクリート温度を下げるなどの対策を検討し、工事監理者の承認を得ておく。

打込み終了までの時間限度

設計基準強度 ＼ 外気温	25℃未満	25℃以上
Fc≦36N/mm^2	120	90
Fc>36N/mm^2	120	120

②生コン車の容量

生コン工場から現場までは、生コン車でかくはんしながら運搬する。運搬容量は一般的な大型車で4.25m^{3}程度であるが、運搬経路の道路規制や近隣条件により2m^{3}程度の小型車にせざるを得ない場合がある。

③生コン車の待機場所

工事現場の敷地に余裕がない場合、事前に待機場所と生コン車の水洗い場所を、第三者の迷惑にならないところに確保する。また、待機場所が工事現場と離れている場合には、常に運転手と連絡が取れることを確認しておく。

④生コンの荷卸し

生コン車内のコンクリートが均質になるよう、荷卸し直前にドラムを高速回転しかくはんする。

計画 3 コンクリートの場内運搬方法

①ポンプ車

生コンの荷卸し受入れ場所から打込み場所までの運搬方法で最も多く用いられるのは、ブーム付きポンプ車である。

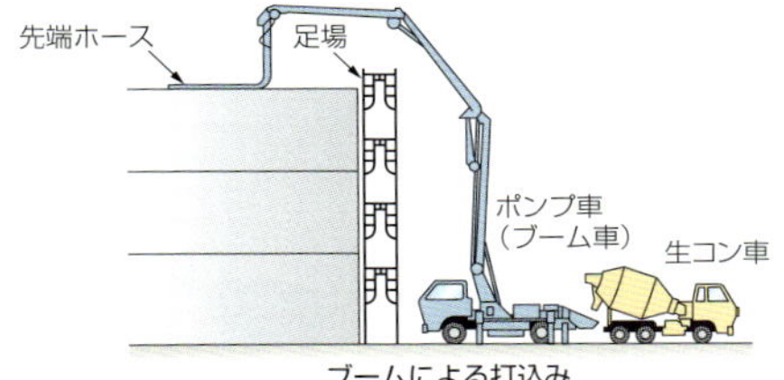

ブームによる打込み

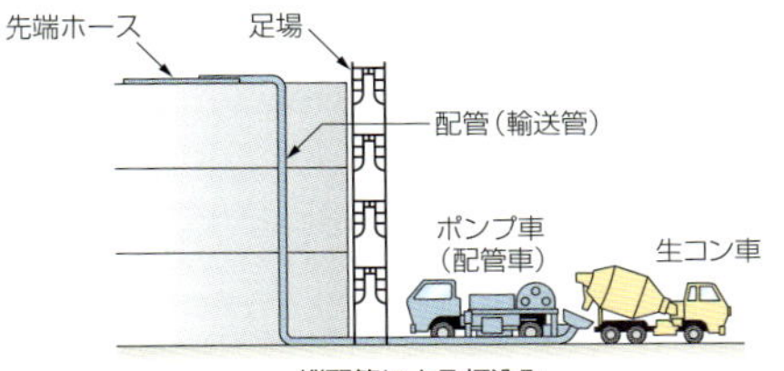

縦配管による打込み

②コンクリートバケット

少量のコンクリート打込みの場合に使用。クレーンを用いて、コンクリートに振動を与えずに垂直・水平方向いずれにも運搬が可能。縦型と横型とがあり、クレーン能力や打込み箇所に合わせて選定する。

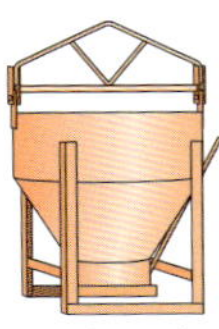

コンクリートバケット

③シュート

生コン車から低い位置へのコンクリート打込みに使用。垂直用の鋼製・樹脂製パイプやフレキシブルホース、斜め用の鋼製、樹脂製の開放型等がある。

斜め用シュートは、コンクリートが分離しないように傾斜角度を30°以上とする。

斜め用シュート

コンクリートのポイント

- 生コン工場は、できるだけ運搬時間が短い近くの工場を選定する。
- 生コン工場から工事現場までの運搬経路の規制、条件を事前に調査し、大型車通行不可の場合は、1日の打込み数量を調整する。
- 生コン車の待機場所、洗い場所を選定し、運転手との連絡方法を確認しておく。
- コンクリートの場内運搬は、打込み数量、打込み箇所に適した合理的な方法で、かつ所定の時間内で打込みできるものを選定する。

② ポンプ圧送計画

計画 1

2015

128ページ 7.4

ポンプ車の選定

①ポンプ車

一般的には、型枠・配筋の乱れが少なくコンクリート配管作業の省力化が図れるブーム付きポンプ車を使用。長距離圧送、超高層ビル圧送、高強度コンクリート圧送などや特殊な敷地条件では、ブームなし配管車、定置式ポンプを選択することもある。

コンクリートポンプは老朽化による故障事故が多発しており、定期的に特定自主検査を受けていることの確認と作業前点検を必ず実施する。

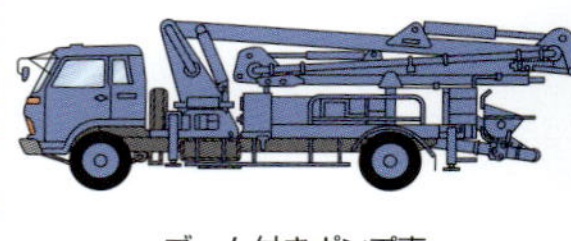

ブーム付きポンプ車

②ポンプ車の機種の選定

ポンプ車の機種は、以下で算定した圧送負荷Pを1.25倍した値を上回る最大理論吐出圧力を有するものを選定する。

$$P=K(L+3B+2T+2F)+WH\times10^{-3}$$

- P：コンクリートポンプに加わる圧送負荷(N/mm²)
- K：水平管の管内圧力損失(N/mm²/m)
- L：直管の長さ(m)
- B：ベント管の長さ(m)
- T：テーパ管の長さ(m)
- F：フレキシブルホースの長さ(m)
- W：フレッシュコンクリートの単位容積当たりの重量(kN/m³)
- H：圧送高さ(m)

水平管の管内圧力損失は、コンクリートの種類、スランプ、実吐出量、管径によって異なるが、水セメント比が45%を超える普通コンクリートでは、下図の標準的なKの値を使用してよい。

水セメント比が45%以下の高強度コンクリートや高流動コンクリートなどは、スランプが同じであっても使用材料や調合によってK値が大きく異なるため、信頼できる既往のデータを参考にし、試験圧送を行って実験的に定める必要がある。

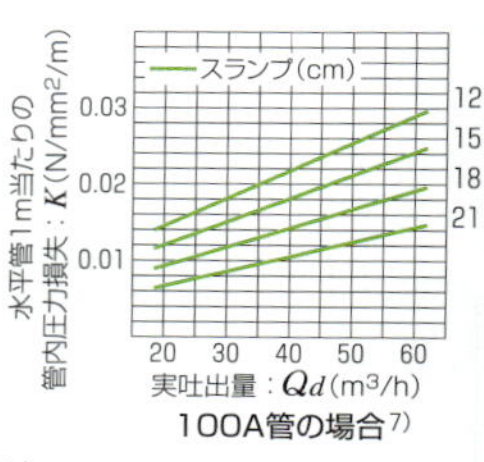

100A管の場合[7]

③圧送の可否の判定方法(簡便法)

配管全体の長さを水平管の長さに換算した水平換算距離と、コンクリートポンプの水平圧送可能距離とを比較する。

この判定方法は、標準的なコンクリートを対象とした簡便法で、圧送負荷が軽微な場合に限られている。

計画 2

ポンプ車の仕様

ポンプ車は、ポンプに加わる圧送負荷と1日1台当たりの打込み量から、所要の吐出圧力、吐出量(平均圧送量×1.1～1.2)を満足し、ある程度能力に余裕があることを確認する(下表は、代表的なブーム付きポンプ車の仕様例)。

ブーム付きポンプ車の仕様例

	最大吐出量 (m^3/h)	最大吐出圧力 (MPa)	ブーム最大地上高さ(m)	アウトリガー最大張出し幅(m)	寸法(m)			総重量 (t)
					全高	全幅	全長	
A	標準125	標準 6.3	32.6	前 7.20 後 7.20	3.42	2.49	11.0	21.9
B	標準115 高圧 74	標準 4.5 高圧 7.0	25.5	前 5.66 後 3.85	3.41	2.49	9.10	16.0
C	標準100 高圧 70	標準 5.6 高圧 7.8	25.8	前 5.43 後 2.15	3.50	2.49	9.30	16.3
D	標準 87 高圧 48	標準 6.5 高圧11.7	25.5	前 5.66 後 3.85	3.40	2.49	9.10	16.0
E	標準 70	標準 4.2	17.8	前 3.86 後 2.95	2.78	2.18	7.50	7.9

計画 3

52ページ 管理1

圧送業者の確認

高強度コンクリートの高所圧送など特殊な工事の場合、ポンプ圧送業者の選定に際し、施工実績、有資格者、経験者、保有機種等を調査し、施工条件やコンクリート調合等を示して、適切な機種、人員の配置が可能であることを確認する。

特に、コンクリートポンプによる圧送を行う者は、労働安全衛生法59条3項に基づく特別教育受講者、かつコンクリート圧送施工技能士の資格を有していることを確認する。

計画 4

30ページ 計画1 計画4
54ページ 管理1

ポンプ車の配置計画

ポンプ車の配置は、現場敷地内に生コン車2台付けが可能で、打込み箇所に近く、生コン車の入替えがスムーズに行える場所を選定。2台付けが不可能な場合は、生コン車入替えのロス時間を1日の打込み量に反映させる。アウトリガー下は堅固な地盤とし、埋設配管の直上は避ける。

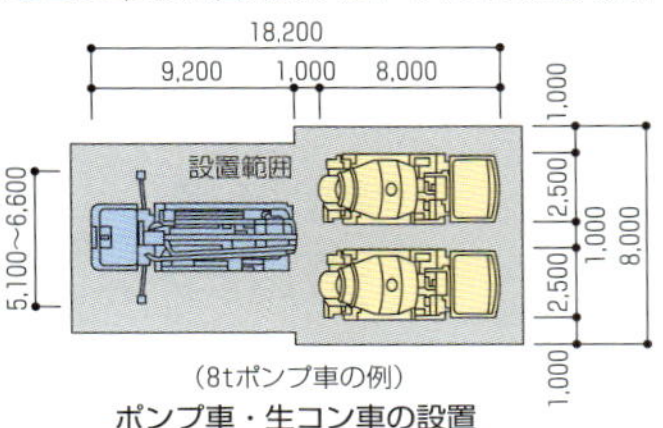

(8tポンプ車の例)
ポンプ車・生コン車の設置

コンクリートのポイント

- ポンプ車は、敷地条件と圧送負荷および1日の打込み量に適した機種、台数であることを確認する。
- ポンプ車の配置は、生コン車を2台付けでき、入替えがスムーズに行える計画を目指す。立地条件で不可能な場合は、1日の打込み量を調整する。
- 敷地内にポンプ車の配置場所が確保できない場合、近接空地の利用や道路占有許可、道路使用許可を取得して道路を使用する。

③ 配管・ポンプ圧送

計画 1

23ページ 計画3

配管計画

①配管の径

粗骨材の最大寸法の4倍以上とする。一般的に、粗骨材の最大寸法20mmの砕石の場合は、呼び寸法100A(4B)の内径約100mm(約4インチ)または125A(5B)を使用する。

②鉛直管の中間部

躯体に固定する。仮設足場を利用する場合は、足場材の強度、剛性、支持方法など安全性を検討・確認する。最下部のベント管(曲がり管)は、鉛直管の全荷重と下部水平管の脈動を受けるため、躯体に堅固に固定する。

③水平管

コンクリート圧送時の振動が型枠や配筋に直接伝わらないように、支持架台や緩衝材を使用して保持する。

④配管上部の歩行者通路

公道上にポンプ車を設置して配管が歩道を横断する場合は、下図のような歩行者への安全対策を講じ、道路使用許可などの申請事項を確認する。

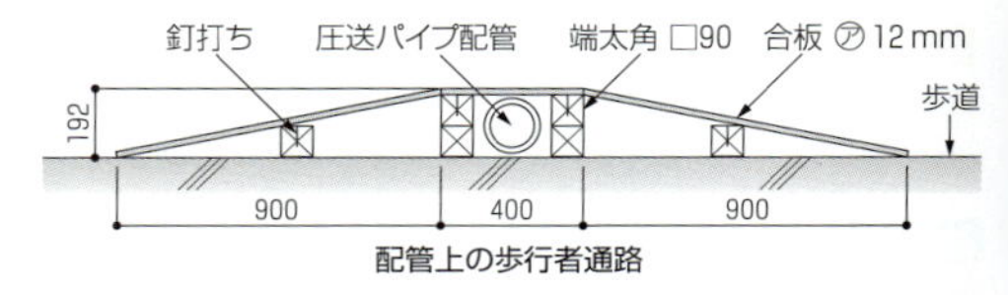

配管上の歩行者通路

計画 2

ポンプ圧送による品質変化

①高所圧送・距離の長い圧送

スランプ、空気量が減少する傾向にあり、特に、高強度コンクリートや軽量コンクリートの場合はその影響が大きいため、変化量を把握しておき、調合に反映させる。

②品質変化の限度(普通コンクリートの場合)

スランプは2.0cm(高性能AE減水剤を用いた場合は2.5cm)、空気量は1.0%。

③ブームによる打込み

ホース内をコンクリートが落下するときに骨材が分離する可能性があるため、筒先を水平に保ち、常に配管内にコンクリートが満たされた状態にしておく。

計画 3

2015

128ページ 7.4

先送りモルタル

①コンクリート圧送に先立ち、配管内面に潤滑性を付与し、閉塞を防止するために0.5～1.0m^{3}のモルタル(必要量は100m当たり100l程度)を圧送する。

②先送りモルタルは、コンクリート強度と同等以上の品質のものを使用し、圧送後に廃棄する。この作業を行わずに圧送すると、品質が低下するだけでなく閉塞する可能性が高くなる。

計画 4

高所への圧送

①圧送高さにより、高負荷のかかる配管には肉厚の高圧用配管を使用する。
②鉛直管は、根元部立上りの曲がり部分に座付きベント管を用い、一般部はUボルトなどで構造体に堅固に固定する。
③下部水平管に逆止弁を設置する。

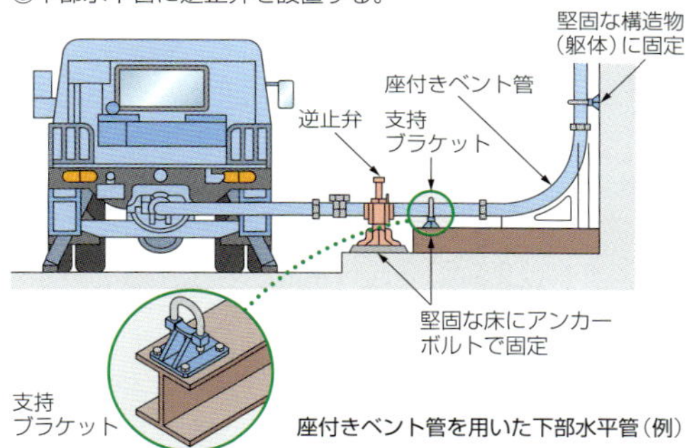

座付きベント管を用いた下部水平管（例）

計画 5

低所への圧送

圧送停止時に配管内のコンクリートが自然落下して空隙ができないように、下部水平管を長くする、あるいはストップバルブを設ける等の対策を講じる。

計画 6

圧送の中断

昼休み等で打込み作業を中断する場合には、配管の閉塞を防ぐため、少しずつ圧送させて配管内にコンクリートを長時間滞留させない。

計画 7

圧送終了時の処置、輸送管の洗浄作業

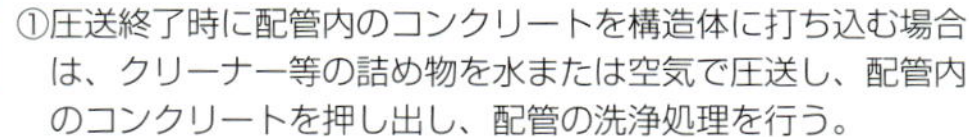

①圧送終了時に配管内のコンクリートを構造体に打ち込む場合は、クリーナー等の詰め物を水または空気で圧送し、配管内のコンクリートを押し出し、配管の洗浄処理を行う。
②配管内のコンクリートを打ち込まない場合、所定の場所に排出・廃棄するか、ブーム等で生コン車に返却・廃棄する。

コンクリートのポイント

☞ 鉛直管・下部水平管は、躯体等に堅固に固定する。
☞ 水平管は、鉄筋や型枠に接しないように支持架台で受ける。
☞ 先送りモルタルの強度、圧送後の廃棄方法を検討しておく。
☞ 圧送終了時の配管内コンクリートの処置、配管洗浄方法を関係者で協議し、事前に計画しておく。
☞ ポンプ車のアウトリガー下の地盤や状況を確認しておく。
☞ ブーム折損に対する安全対策を怠らない。

8章 打設（打込み）計画

1 打設（打込み）計画

計画 1

56ページ 管理2
68ページ 管理1 管理3 管理4
76ページ 管理1

打設（打込み）計画の作成

コンクリートの打込みに先立ち、以下の項目を検討して打込み計画を作成する。打込み計画には、実施記録を併記する。

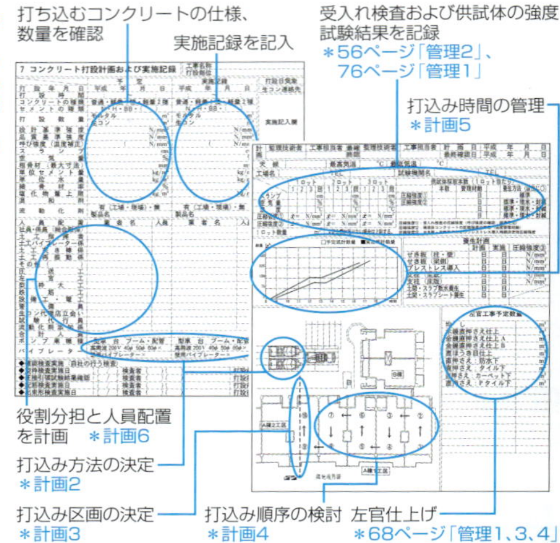

コンクリート打設（打込み）計画および実施報告書（例）

計画 2

43ページ 計画3
44ページ 計画1

打込み方法の決定

①コンクリートの種類と打込み量、揚重高さに応じて、打込み方法を決定する。

②一般にはブーム付きポンプ車を使用。超高層建物では定置式ポンプやバケット（ホッパー）を使用する。
定置式ポンプの場合は縦配管の中の残コンクリートの量に、また、バケット打込みの場合は1回の打込み容量と1日の打込み量に注意する。

計画 3

32ページ 計画2
45ページ 計画4
50ページ 管理1

打込み区画の決定

①1日に打ち込むコンクリート量に応じて、生コン工場の能力とポンプ台数、作業員数等を決定する。

②ポンプ車の打込み量は1台付けで平均20m^3/h、2台付けで平均30m^3/hが目安で、1日の打込み量を150～250m^{3}程度を基本に、施工難易度や作業可能時間等を考慮して判断する。

③量的に一度の打込みが困難な場合は、品質、コスト、工程面を総合的に判断した上で工区分割を検討する。

④コンクリート強度の違いによる打ち分け（打込み区画）の有無にも注意する。

計画 4 打込み順序の検討

58ページ
管理4

①コンクリートの打込みはポンプ車から遠いところより開始し、手前で完了するのが原則。

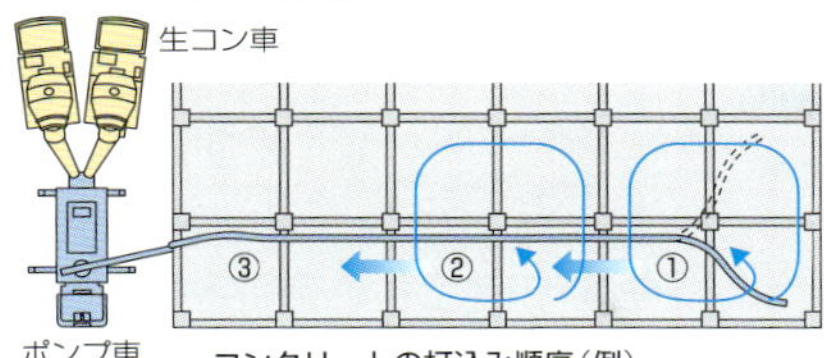

コンクリートの打込み順序（例）

②打込み方法には「回し打ち」と「片押し打ち」がある（一般的な建物では「回し打ち」で打ち込む）。

建物の柱・壁を梁下まで水平に打ち、その後に梁とスラブを打ち込む方法。側圧は小さく変形しにくいが、段取り替えが多く作業効率が悪い。

回し打ち

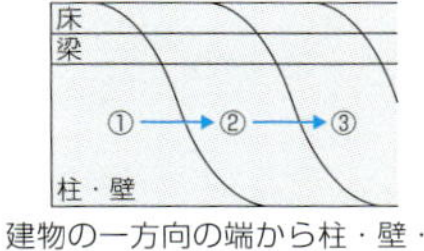

建物の一方向の端から柱・壁・梁・スラブを一気に打ち上げて決めてくる方法。作業効率が良く打込みも速いが、材料分離や沈みひび割れが発生しやすい。

片押し打ち

計画 5 打込み時間の計画

59ページ
管理6

①コールドジョイントや作業の遅延防止のために、打込み時間の管理は特に重要である。
②計画時に打込み部位の施工難易度に応じた打込み速度と、休憩時間等を考慮した管理表を作成する。
③コンクリートの打重ね時間間隔を検討する。

特に、夏期のコンクリートの温度上昇やコールドジョイント、冬期のコンクリートの温度低下に注意する。

計画 6 人員配置

54ページ
管理1

作業員の役割分担を明確にした組織編成と人員配置を計画し、関係者に周知徹底させる。

コンクリートのポイント

- コンクリート打込みに先立って施工計画を作成し、記録として残す。
- コンクリートの種類と打込み量、揚重高さに応じて、打込み方法や打込み区画を決定する。
- 一度に打ち込むのが困難な場合は工区分割するが、躯体工事全体に影響するため、総合的に判断する。
- 品質確保のため、コンクリートの打込み時間を計画し、実績の進捗管理をすることが重要である。

2 打継ぎ計画

計画 1

48ページ 計画3

打継ぎ位置の決定

建物一層分を1日で打ち込むことが望ましいが、諸条件により1日で打ち込みきれない場合は、「打継ぎ」を設けて工区分割する。打継ぎ位置は、以下の項目に従って決定する。

①打込み計画段階でコンクリートの打継ぎ位置を計画する。

②鉛直の打継ぎ部分はせん断力の極力小さい位置に計画する。

鉛直の打継ぎ部分は、構造的に弱点となりひび割れ発生の原因となるため注意！

打継ぎ位置

部位	水平打継ぎ	鉛直打継ぎ		
	柱、壁	スラブ	大　梁	地中梁
位置	床スラブの上端または梁の下端	スパン（梁内法）の1/4の位置	中央部分	中央部分 基礎梁に床板がつかない独立基礎の場合
備考	施工上の理由でスラブ天端となることが多い	スパン中央部分でも可	施工上の理由で1/4の位置になることが多い	スパン（柱内法）の1/4の位置

計画 2

打継ぎ施工の注意事項

①梁のつけ根での打継ぎはしない。

②片持ちスラブ等は支持する梁と一体打ちする。

③防水上重要なパラペット等は原則として一体打ちする。やむを得ず打ち継ぐ場合は、スラブから上に150mm以上の位置に外勾配となるよう設ける。

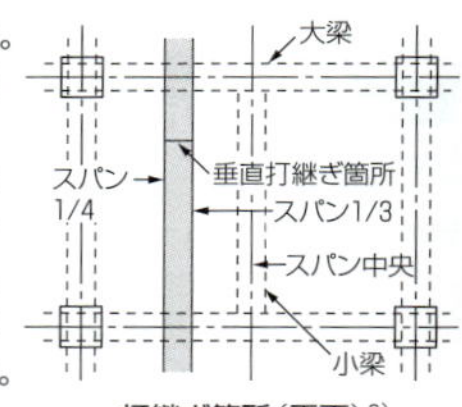

打継ぎ箇所（平面）[8]

計画 3

打継ぎ型枠の施工方法

打継ぎ型枠の施工方法と特徴

方法	特　　徴
型枠材（桟木・合板）	・床スラブなどで一般的に用いられる。 ・過密な配筋箇所や複雑な形状には不適。 ・脱型後に型枠材のはつり取りが必要。
鋼製材料（メタルラス）	・梁の打継ぎに多く用いられ、作業性が良い。 ・主筋回りの孔あけや切り欠きは困難で、溶接作業を伴う。 ・外部面の錆に対して注意が必要。
すだれ バラ板 スポンジ等	・床スラブ等の鉛直打継ぎに用いられる。 ・段取り筋を流すことで容易に固定できる。 ・硬化前に脱型するとひび割れが発生する。
エアフェンス	・主に梁の打継ぎに使用される。 ・取付けが簡単で作業性は良いが、コンクリートが完全に硬化すると撤去が困難。 ・破損・紛失時のコストが高い。

コンクリート止めすだれ

スポンジ止め

エアフェンス

計画 4

91ページ
ポイント3

打継ぎ型枠施工の注意事項

①打継ぎ型枠回りは、コンクリートの流出をおそれて締固めが不十分となり、空隙等の欠陥が発生しやすい。十分に充填させ、流出したコンクリートはあらかじめ設けた掃除口から除去する。

②高強度コンクリートなど流動性が高い場合は、打継ぎ型枠のすき間からコンクリートが流れやすいため、極力すき間のないように施工する。

③打継ぎ部分には、最終的にひび割れが入りやすいため、部位に応じた目地を設ける。

④メタルラスは錆の原因となるため、型枠とのクリアランスを確保する。

打継ぎ

計画 5

打継ぎ面の処理

打継ぎ部に新しいコンクリートを打ち込む場合には、後打ちするコンクリートと一体化を図るように入念に施工する。

①旧コンクリートの表面を、高圧洗浄機、ワイヤーブラシ等で入念に清掃し、チッピング等により粗面にする。

②打継ぎ面を点検し、流出したコンクリートや空洞などがある場合には事前にはつり取る。

③鉄筋に付着したセメントペースト、流出したセメントペーストや表層部のレイタンス、浮いた骨材、ごみ等が打継ぎ部分に残らないように確実に除去する。

④新しいコンクリートの打込み直前に、旧コンクリート表面を十分に水湿しする。

コンクリートのポイント

☞ 工区分割して打継ぎを設けると、品質、コスト面で不利となりやすいため、工程とのバランスに配慮し、慎重に計画する。

☞ 打継ぎ位置は単に施工性で決めるのではなく、構造的な制約に従って決定する。

☞ 打継ぎ型枠部は空隙等の欠陥防止のため、十分に充填させ、打継ぎ面は入念に清掃するとともに十分に水湿しを行い、後打ちコンクリートと一体化させる。

9章 打設(打込み)管理

① 打込み前日までの管理

管理 1

手配の確認

工事関連業者への確認

確認先	確認事項
生コン工場	①調合、②納入量、③打込み開始(終了)予定時刻、④時間当たりの出荷量
生コン商社	①連絡員派遣、②打込み開始予定時刻
圧送業者	①現場到着時刻、②ポンプ車の台数と作業員数、③機種と能力
検査会社	①打込み開始予定時刻、②検査項目、③検査回数
打込み工事業者	①現場到着時刻、②作業員数、③用具の種類と数量、④締固め用機器の種類と数量
左官工事業者	①現場到着時刻、②仕上げの種類と数量、③作業員数、④用具の種類と数量
合番工事業者	①打込み開始予定時刻、②作業員数

管理 2

102ページ
ポイント1

準備状況の確認

準備作業の確認

工　事	確認事項
圧送工事	①事前配管(前日配管)、②機種に応じたポンプ車設置場所の確保
仮設工事	①スラブ下照明、②仕上げ照明、③締固め機器用電源、④打継ぎ材、⑤コンクリート足場(通路)(写真①)、⑥飛散防止養生、⑦打込み階部分の縦管控え補強、⑧連絡用充電済み無線機
打込み工事	①残材の撤去と清掃、②型枠根回りのすき間ふさぎ
設備工事	①スリーブ位置・開口部位置の表示(写真②)、②打込みボルト類の養生
型枠工事	①型枠支保工の点検、②開口部の表示、③エアー抜き穴あけ
雑工事	①打込み用金物類の取付け(ドレン・避難ハッチ・インサート・タラップ・溶接下地金物等)、②スリーブ類・目地棒等の取付け

コンクリート足場(通路)

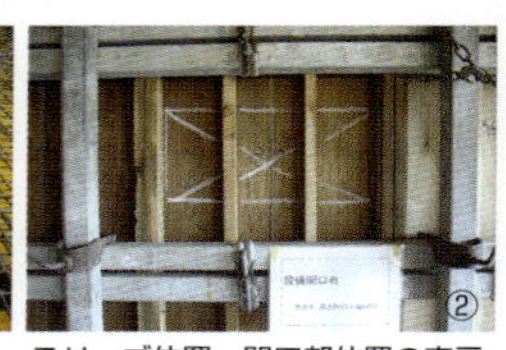

スリーブ位置・開口部位置の表示

躯体の仕上がりに関わる確認

69ページ 管理5
100ページ ポイント1

関連工種の状況確認

工　事	確認事項
鉄筋工事	①スペーサの取付け状況、②かぶり寸法の確保状況
型枠工事	①天端レベル、②天端マーキング
電気、設備工事	①過密打込み配管のクリアランス確保

過密配管部分はコンクリートの充填が困難で、空洞やじゃんかの発生原因となるほか、配管の空洞が断面欠損となるため、適切な間隔を確保する。

過密電気配管

気象情報の確認

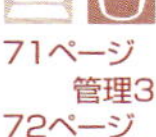

71ページ 管理3
72ページ 管理2

気象情報の確認と処置

天　候	確認事項
雨、雪	①天候の崩れを予測し、実施・中止を判断、②上面養生の準備
気温	①高温時→湿潤養生の準備、②低温時→保温養生の準備、③膜養生剤の準備
強風	①表面乾燥速度の急上昇に備えて左官工の増員、②外周養生の準備、③膜養生剤の準備

管理 5

近隣住民への連絡

23ページ 計画4

近隣環境保全対策(騒音、車両交通、排気ガス、汚染等)、打込み開始・終了予定時刻、作業終了予定時刻について、電話や訪問、案内書の投函等、事前協議の決定に従って対応する。

工事監理者への報告事項

打設(打込み)計画書、検査指摘事項是正結果報告書等。

コンクリートのポイント

- 打込み前には、関係者を集めて打込み計画についての説明を行い、前日には、現場到着時刻、打込み開始予定時刻、作業員数等について、関係会社に連絡し確認しておく。
- 打込み部位の清掃は、ごみを落とさないよう電気掃除機やマジックハンド等を使用する。型枠外に排出できない場合の水洗いは禁止する。
- ポンプ車が代車となる場合、設置場所の広さに適した機種か確認。

② 打込み当日の管理

管理 1

43ページ 計画3
49ページ 計画4 計画5
52ページ 管理1 管理2
58ページ 管理1 管理2 管理3 管理4

打込み開始前の確認事項

①打込み開始前の朝一番に関係者全員を集合させ、責任者、人数、配置の確認と連携方法の周知徹底を図る。

左官の人数は仕上げの種別、数量、天候に応じて調整する。

打込み数量が多い場合や作業時間に制約がある場合には、前日に配管設置を完了させる。

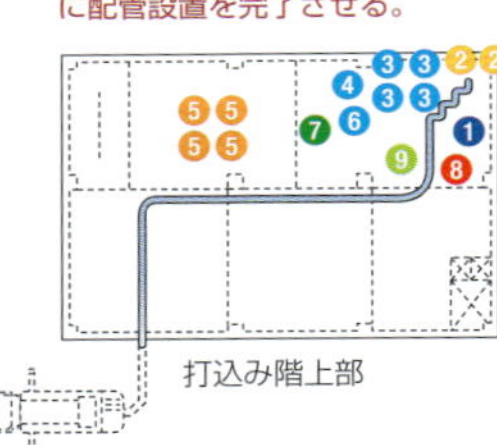

❶元請会社職員(1)
❷筒先 圧送工(1〜2)
❸バイブレーター 土工(4)
❹天端均し 土工(1)
❺直仕上げ 左官(4)
❻鉄筋型枠清掃 土工(1)
❼鉄筋保守 鉄筋工(1)
❽設備保守 設備工(1)
❾電気配管保守 電気工(1)

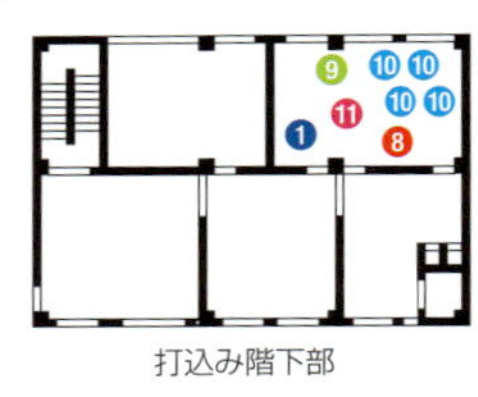

❶元請会社職員(1)
❽設備保守 設備工(1)
設備打込み回り叩き
❾電気配管保守 電気工(1)
電気打込み回り叩き
❿叩き 土工(4)
⓫型枠保守 大工(1)

叩きは、階高や壁量、建物形状の複雑さによって調整する。

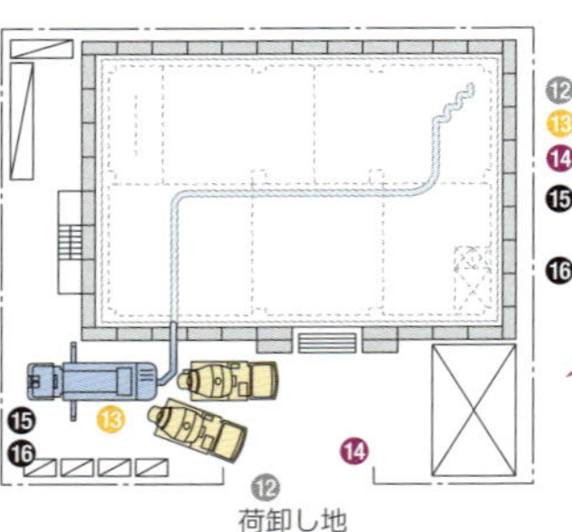

⓬ガードマン(1)
⓭ポンプオペレーター(1)
⓮コンクリート車誘導員(1)
⓯コンクリート受入れ検査員(1)
⓰構造体コンクリート検査員(1)

場内を整理整頓して、生コン車動線とポンプ車設置場所を確保する。

標準的な人員配置（ポンプ車1台当たりの人数）

②ポンプ圧送（配管車、ブーム車）、シュート打ち、バケット打ち、手押し車打ちの種別や、これらを組み合わせる場合の打込み方法を説明する。

③打込み開始位置、打込み順序、スラブ上までの打ち回し回数、スラブの打上げ手順、作業員の逃げ方、1日に打ち込む時間割について図面で説明する。

管理 2

生コン工場の出荷指示

出荷指示は、打込み準備の終了を確認してから行う。

管理 3

打込みに関する注意事項の説明

46ページ 計画3
59ページ 管理7
62ページ 部位別打込み方法(1)
64ページ 部位別打込み方法(2)
66ページ 部位別打込み方法(3)

①先送りモルタルの処理方法
②壁、梁、スラブ、手すり等の立上り、階段の特徴とそれぞれの打込み方法。
③吹出し・構造スリットの位置と打込みの優先順位。
④吐出量や打込み速度と、特に慎重に打ち込む部分。
⑤型枠内の開口部やスリーブ類の位置と表示。
⑥充填しにくい部分の打込み方法。
⑦梁底、スラブ型枠にこぼれたコンクリートの除去、清掃要領。
⑧圧送配管の揺れによる配筋の乱れ防止。
⑨コンクリート通路の撤去時期と片付け方法。
⑩天候が変化した場合の対応方法。
⑪緊急時の処置(近隣クレーム、型枠の破損、配管の詰まり、生コン車の遅延到着等)。

管理 4

安全に関する注意事項の確認

①ブーム付きポンプ車のブーム下への立入り禁止厳守/安衛則第171条の2
②作業指揮者資格の確認(コンクリートポンプ車の輸送管等の組立、解体作業)/安衛則171条の3

管理 5

連絡待ち数量の連絡

①午前中(昼休み前):生コン工場への出荷指示時に、午前中の出荷数量の目安を連絡待ち数量として指示。連絡待ち数量が近づいたら、休憩前の残り打込み量を計算して指示。
②打込み終了前:午後の打込み再開後、適切な時期に打込み終了までの暫定出荷量を連絡待ち数量として指示。最終出荷量の指示は、残りの打込み部位を把握して迅速に計算し、打込みが中断しないよう運搬時間を考慮して行う。

管理 6

後片付け方法の確認

①残コンクリートの処理方法
②生コン車の洗い場所の確保

コンクリートのポイント

☞ 床仕上げを行う左官工等、打込み途中からの工事参加となる場合は、該当業者が現場に到着した時点で、上記「管理3」「管理4」の項目から必要な事項を伝達する。
☞ スラブ上のコンクリート通路は、片付けが早すぎるとスラブ筋を乱す要因となるので、打込み直前まで撤去を控える。
☞ 残コンクリートが発生しないよう正確に計算し、高層建物など配管距離が長い場合は、配管内コンクリートも計算に含める。

打設（打込み）管理

③ コンクリート受入れ検査

管理 1

39ページ 参考1

納入書の確認

①受入れ生コン車ごとに、納入書で発注時の指定事項に適合しているか確認する。

②打込み中は生コン商社やポンプ車のオペレーターが確認することが多いが、朝や昼の打込み開始時には、必ず元請会社職員が確認する。

管理 2

106ページ コンクリート受入れ検査手順

受入れ検査

①受入れ時に、元請会社職員は下表の項目について検査する。

✍ 実際には、元請会社から委託された第三者試験機関等が受入れ検査を行う場合が多いが、この場合でも元請会社職員の立会いが必要である。

②許容差を外れた場合は、同一の生コン車から別の試料を採取して再試験を行い、前回の試験結果と併せて判断することもできる。

③検査が不合格となった生コン車は原則として返却するが、続けて数台についても検査を行い、その結果から総合的に判断する。

受入れ時の確認項目

項　目	時期・回数	試験・検査方法	判定基準
コンクリートの状態	・受入れ時 ・打込み中随時	目視確認	ワーカビリティーが良いこと 品質が安定していること
スランプ試験 ＊36ページ「計画1」参照	・圧縮強度試験用供試体採取時 ・品質変化が認められたとき	スランプコーンを抜いてコンクリートが30cmの高さから下がった値を測定	JIS A 5308：2019 スランプ： 8～18±2.5cm 45、50、55±7.5cm 60±10cm スランプ： 21±1.5cm*
空気量の測定 ＊36ページ「計画3」参照		一般には空気室圧力法等の専用容器で測定	JIS A 5308：2019 普通コン： 4.5±1.5% 軽量コン： 5.0±1.5%
塩化物含有量の測定	・原則1回/日（塩化物を含むおそれのあるときは150m³に1回）	一般に工事現場では簡易塩化物量測定器（カンタブなど）	塩化物イオン量0.30kg/m³以下

＊呼び強度27以上で高性能AE減水剤を使用する場合は21±2.0cm。

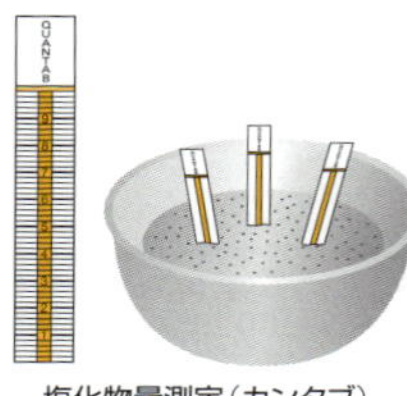

塩化物量測定（カンタブ）

受入れ検査状況

管理 3

76ページ
管理1
管理2
93ページ
ポイント6

2009

120ページ
11.11

強度試験供試体の採取

①供試体（テストピース）には「使用するコンクリートの圧縮強度試験用」と「構造体コンクリートの圧縮強度試験用」の2種類があり、採取方法が異なる。

供試体の養生と圧縮強度試験

試験の種類	使用するコンクリートの圧縮強度試験	構造体コンクリートの圧縮強度試験
試験の目的	納入されたコンクリートの圧縮強度管理	構造体に打ち込まれたコンクリートの圧縮強度の推定
養生方法	JIS A 1132 標準養生（20±2℃）	JIS A 1132 標準養生（20±2℃）*
材　齢	28日	強度管理材齢（通常28日）
検査ロットの構成	打込み工区、打込み日ごとかつ150m³、またはその端数ごとに1回、3回で1検査ロットを構成	打込み工区、打込み日ごとかつ150m³、またはその端数ごとに1回
採取方法	1回の試験は任意の1台の運搬車から採取した3個の供試体	1回の試験は適当な間隔をおいた3台の運搬車から1個ずつ採取した合計3個の供試体

*構造体コンクリートの圧縮強度試験用供試体の養生は、現場水中養生にすることもできる。

②構造体コンクリートの圧縮強度は、原則として第三者試験機関（できるだけ公的試験機関）で行う。試験機関の選定は、事前に工事監理者の承認を受ける。

③早期に型枠を取り外す場合は、上記の試験のほかに、脱型・支保工取外しの際の圧縮強度確認試験を行う。予備も含めて供試体を何本採取するかは、打込み計画の段階で工事監理者と協議して決めておく。

④脱型時強度確認用の供試体は、現場水中養生または現場封かん養生とするが、凍結のおそれのある場合は現場水中養生は避ける。

⑤高強度コンクリート（F_c>36）の場合は、検査ロットの構成、採取方法が異なるので注意する。

⑥『JASS 5』に定める以外の方法で構造体コンクリート強度の検査を行う場合は、工事監理者の承認を得て行うことができる。

コンクリートのポイント

☞ コンクリート打込み開始時には、まず納入書で運搬時間や指定したコンクリートの種類・品質に適合しているかを確認する。

☞ 受入れ検査として、第三者試験機関による①コンクリートの状態、②スランプ、③空気量、④塩化物の検査を行う。

☞ 供試体には「使用するコンクリートの圧縮強度試験用」と「構造体コンクリートの圧縮強度試験用」との2種類があり、採取方法が異なるので注意する。

④ 打込み方法

管理 1

43ページ 計画3

シュートによる打込み

①シュートは、落差のあるところへコンクリートを運搬するために用いる。

②長い距離を斜めシュートで打ち込むことは避ける。やむを得ない場合は、コンクリートの分離を避けるために傾斜角度を30°以上とする。

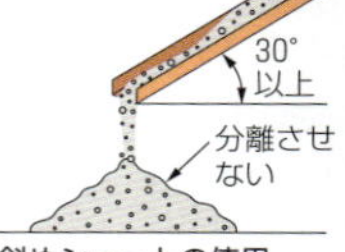

斜めシュートの使用

管理 2

43ページ 計画3

コンクリートバケットによる打込み

①下部から排出する形式を用いる場合は、なるべく排出口が中央にあるものを用いる。

②長時間コンクリートを入れておくと、ブリーディングの発生やワーカビリティーの低下につながるため、速やかに打ち込む。

③クレーンを使用して揚重するため、揚重計画で他工事との関連を調整する。

管理 3

手押し車等による打込み

運搬中に分離が認められた場合は、練り直して均一化させる。

管理 4

43ページ 計画3

ポンプ車による打込み

①型枠内のコンクリートの高さを均一に保つよう、目標部位の近くから水平になるように打ち込む。

②一箇所から多量に打ち込むと、粗骨材の移動が鉄筋に阻害され骨材分離を起こすため、筒先の打込み間隔を守る。

骨材分離による不均一なコンクリートは、じゃんか、あばたの原因になる。

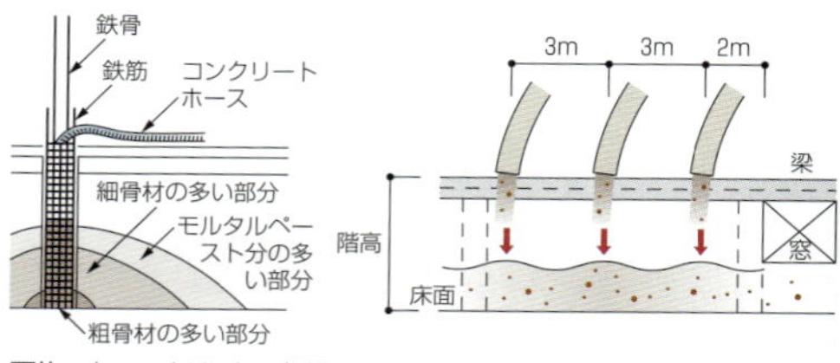

不均一なコンクリートの打込み　　筒先の打込み間隔

管理 5

62ページ 管理1

分離対策

①階高の大きな建物では、コンクリートが落下中に鉄筋に当たって分離するため、ホースなどを利用して低い位置から落とす。

②バイブレーターのかけすぎは分離の原因となるため控える。

管理 6

78ページ 管理2

打重ね時間間隔の厳守

①コールドジョイントなどの施工欠陥防止のために、打重ね時間間隔の限度内で打ち込む。

②パラペット立上りや、庇等で吹出しとなる部分は、コールドジョイントが発生すると漏水の原因となるため、特に時間を厳守して打ち込み、一体化させる。

打重ね時間間隔限度の目安

スランプ ＼ 気温		15℃以下	15～25℃	25℃以上
普通コンクリート	18cm以下	2.5h	2.0h	1.5h
	18cm超	3.0h	2.5h	2.0h

＊生コン工場におけるコンクリートの練混ぜ開始から現場での荷卸し終了までの時間を1時間とした場合の許容時間を示す。

先に打ち込まれたコンクリートの凝結が進む前に、次のコンクリートを打ち込むようにする。

管理 7

60ページ 管理1

打込み速度

①スラブ下の叩き作業、スラブ上の均し作業が正常に行える速度を守る。

②打込み場所の型枠形状によりコンクリートヘッドが急上昇するので、形状に合わせて速度を調節する。

壁の出隅部や壁がT字型に交差する部分では、コンクリートの流れが遮られて型枠の側圧が上がり、はらみや移動、破壊が生じやすくなる。

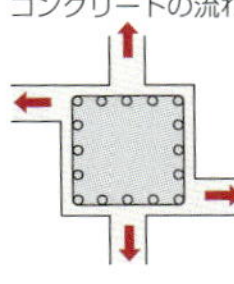

柱断面や壁厚が大きい場合には、コンクリートヘッドは急上昇しにくい。

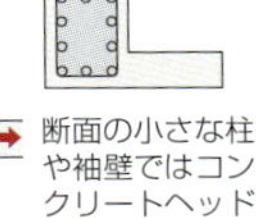

断面の小さな柱や袖壁ではコンクリートヘッドが急上昇しやすく、叩き不足や締固め不足による充填不良の原因となる。

打込み速度の遵守

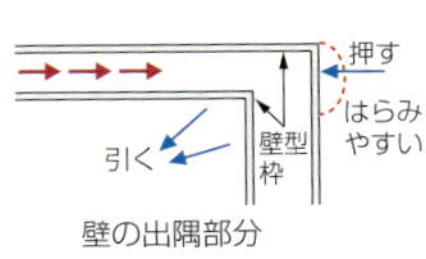

壁の出隅部分

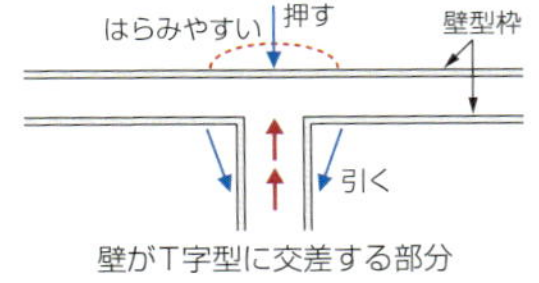

壁がT字型に交差する部分

←：コンクリートの流れる方向

打込み中にはらみやすい場所（平面図）

コンクリートのポイント

- コンクリートの打込み前に、スラブの上下、梁底の清掃状況および型枠の水湿し状況を確認する。
- 斜めシュートを使用する場合は、コンクリートの分離を避けるために、シュートの傾斜角度を30°以上確保する。
- ポンプ車による打込みの場合、一箇所から多量に打ち込まずに、筒先は3m以内で移動しながら打つこと。
- コールドジョイント発生防止のため、打重ね時間間隔を短くする。

5 締固め・清掃

管理 1

叩き

①スラブ上下の連絡を密にして打込み場所に先回りし、コンクリートが充填され次第、密実な手ごたえが得られるまで適度に叩く。

②コンクリートが未充填部分の型枠のから叩きは、型枠の目違いを起こすため、コンクリートの充填状況を確認してから行う。充填後は、型枠の目違い部を入念に叩いて是正する。

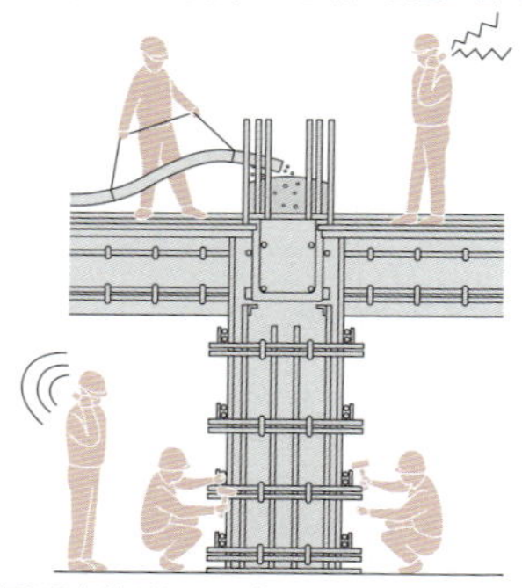

通信機器等を利用して、作業員の配置状況を常に確認する。
コンクリートの流れる方向を施工者に知らせ、叩きが手遅れになることを防ぐ。

壁の打重ね位置を木槌で叩いて確認し、チョークで印をつけておくと役に立つ。開口部などの位置もあらかじめ印をしておく。

打ち込む箇所をスラブ上下間で確認し、叩き要員が配置についた後に打込みを開始する。

上下間での連絡と叩き方

管理 2

締固め

①バイブレーターは、コンクリートを流して引っ張る、あるいは一箇所でかけ放すような使用は避ける。

②鉄筋等が混み合ってバイブレーターがかけにくい部分は、あらかじめ確認しておき、突き棒を用いて十分締め固める。

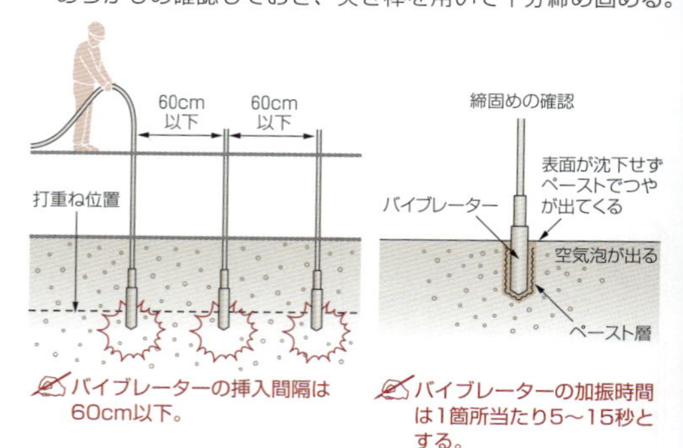

バイブレーターの挿入間隔は60cm以下。

バイブレーターの加振時間は1箇所当たり5～15秒とする。

バイブレーターのかけ方

参考 1

バイブレーターの用途と種類

①コンクリートに対して使用するバイブレーター

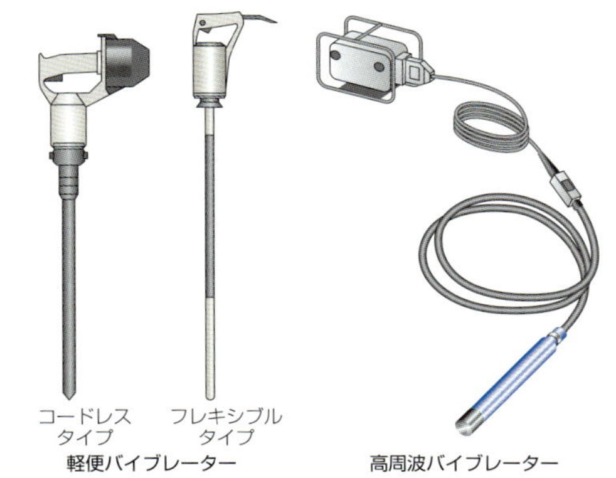

②型枠に対して使用するバイブレーター

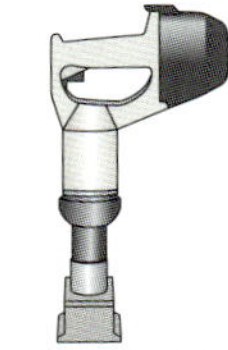

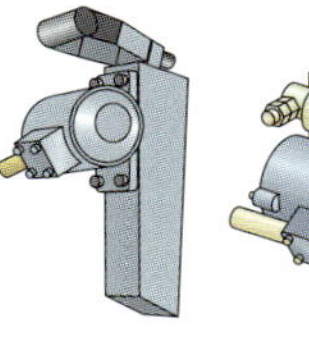

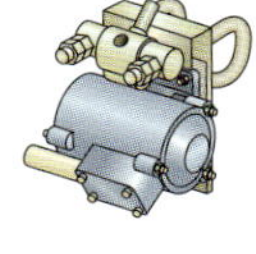

コードレスタイプ

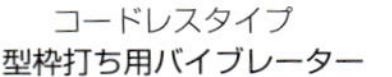

型枠打ち用バイブレーター

型枠取付け用バイブレーター

管理 3

型枠、鉄筋の清掃確認

①スラブや梁底に落ちたコンクリートの放置は、打ち上がりの見栄えが悪くなるばかりでなく、じゃんかや空洞の原因となるので清掃しておく。

②鉄筋を汚したコンクリートの放置は、健全なコンクリートと鉄筋の付着の妨げとなるため、ブラシ等で清掃する。

コンクリートのポイント

☞ から叩きは、型枠の目違いを起こすため、コンクリートの充填状況を確認してから叩く。充填後は、型枠の目違い部を入念に叩いて是正する。

☞ コンクリートの打込み中は、付着性の低下を防ぐために鉄筋の清掃は必ず行う。

☞ 柱や壁の足元はじゃんかが発生しやすいため、バイブレーターは底まで確実に入れ、足元の叩きは念入りに行う。

6 部位別打込み方法（1）

管理 1

29ページ 計画4
58ページ 管理5

柱の打込み

①柱を先行して打ち込むのが一般的であるが、筒先の移動にスラブ下の叩きが遅れて柱脚部にじゃんかが発生しないよう、叩き要員の配置を確認しながら打ち込む。

②高い柱に打ち込む場合はホースやパイプを差し込み、常に打上げ面の近くでコンクリートを放出する。また、中間の高さに投入口を検討する。

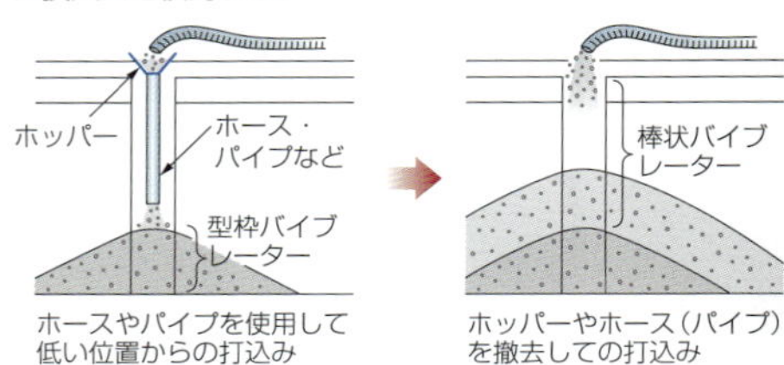

階高の大きな建物の打込み

③梁配筋が密でバイブレーターやホースを入れる余地がない場合は、梁スラブ配筋を後施工し、柱壁の垂直部分を先行して打ち込むVH分離工法や、下部から打ち込むポンプ圧入工法の採用を検討する。

柱下部からポンプ圧入による打込み

圧入口段数の検討

型枠補強の検討

圧入工法

❶柱コンクリート（VCON）
❷柱型枠脱型
❸梁・スラブコンクリート打込み（HCON）

HCON打込み

VCON打込み

VH分離工法

管理 2

壁の打込み

①ポンプの筒先を3m程度の間隔で移動させ、各位置から平均にコンクリートを落とし込む。一箇所から打ち続けて大山や大傾斜をつくると、分離やじゃんかができやすい。

②壁内部で、バイブレーターを用いたコンクリートの横流しを行うと、分離やじゃんかができやすい。

③いったん落ちついた、コンクリートヘッドが高い部分を横流しで下げると、じゃんかや空洞の原因となるので絶対に行わない。

管理 3

梁の打込み

①柱、壁のコンクリートの沈降が落ちついた後に、梁の全高を端部から中央に向かって打ち込む。

②せいが高い梁はスラブと一緒に打ち込まず、梁だけを先に打ち込む。

管理 4

65ページ 参考1

スラブの打込み

①梁のコンクリートの沈降が落ちついた後に、スラブの打込みを行う。

②打込みは、遠方から手前に打ち続けるように行う。

③スラブ上にブリーディング水が多く浮く場合は、適宜排除する。

④柱、壁等の差し筋に囲まれた部分も、必ず木ごて均しを行って表面を整える。

⑤柱内部は少し盛り上げ、上階建込み時のごみ、汚水溜まりを防止する。

⑥外壁の打継ぎ部は、壁内から外周へ5mm程度下げて木ごてで均す。

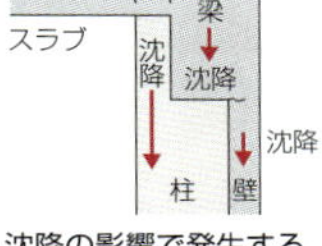

沈降の影響で発生するひび割れ

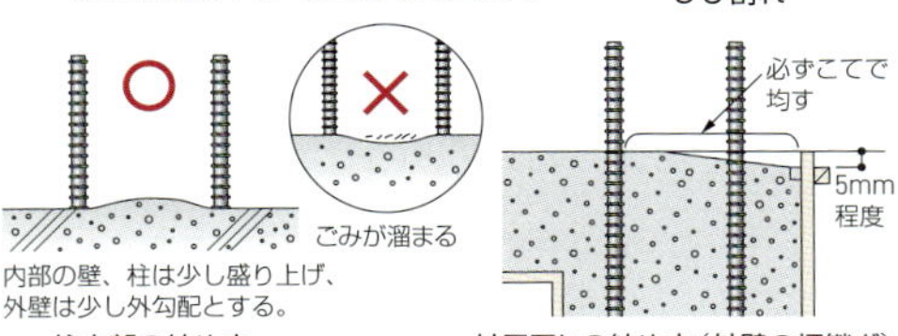

柱内部の納め方

外周回りの納め方（外壁の打継ぎ）

コンクリートのポイント

- 階高が高い場合は、コンクリートの分離対策を検討する。
- 梁配筋が密な場合や打込み高さが高いときは、コンクリートが分離しやすいため、VH分離工法や、下部から打ち込むポンプ圧入工法の採用を検討する。
- 柱、壁、梁を連続して打ち込むと、沈降の影響で柱、壁と梁、梁とスラブとの境目にひび割れが発生するおそれがあるので注意する。

打設（打込み）管理

⑦ 部位別打込み方法（2）

管理 1

窓、開口部回りの打込み

①型枠に開口部の位置、形状を表示し、充填不良を起こさないよう開口の周囲を十分に叩く。

②開口部を挟んで両側からコンクリートを打ち込むと、開口型枠下が空気溜まりとなって空隙が発生しやすい。開口部下端には空気抜き孔をあけ、比較的小さい開口部は片側から打ち込み空気溜まりの発生を防止する。

③片側からの打込みで下端の充填が困難な大型の開口部は、下端の適当な位置に押え型枠を設け、バイブレーターを挿入して充填不良を防止する。

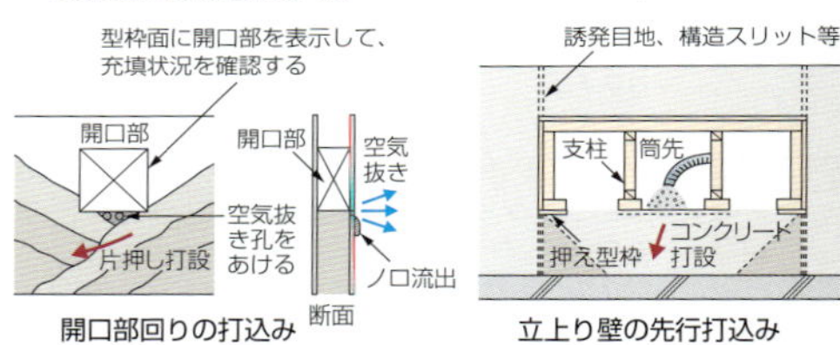

開口部回りの打込み　　立上り壁の先行打込み

管理 2

階段の打込み

①階段のある区画は、階段回りから打ち込む。

②踏面は、空気孔をあけたふた型枠でふさぎ、ノロが吹き出るまで叩いて充填する。

③踊り場や幅広の階段でふた型枠の設置が困難な場合、吹出し部に押え型枠やメタルラスを設置する。

④踊り場や踏面の吹出しからコンクリートを掻き出すと、周囲の手すりや壁等に打ち込んだコンクリートが下がり、じゃんかや空洞の原因となる。

⑤階段付き壁の裏面が打放し仕上げの場合、特に先打ちと打重ねコンクリートの一体化に注意し、蹴上げ踏面に沿って斜めに発生しやすい打継ぎ模様の解消を図る。

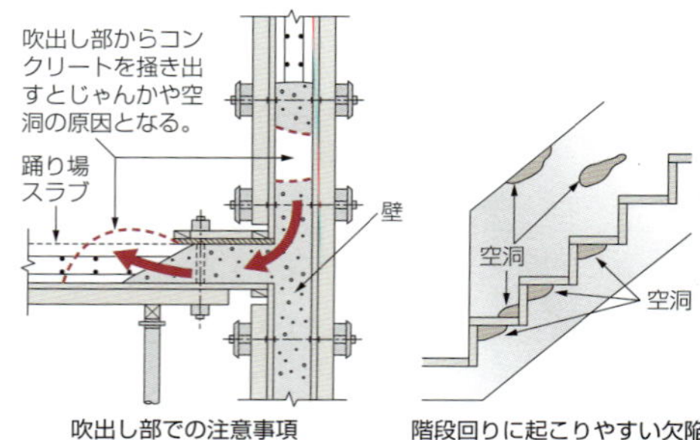

吹出し部での注意事項　　階段回りに起こりやすい欠陥

管理 3

吹出し部の打込み方法

①型枠の内側から打ち込んで止める場合は、じゃんかや空洞の発生を防止するため、吹出し上部の型枠を十分叩くとともにバイブレーターをよくかけ、密実に充填して吹出し部からコンクリートを完全に吹き出させる。

②吹出し側から打ち込んで止める場合は、型枠内部のコンクリートヘッドが吹出しのすき間より5～10cm上げ気味になるように均一の高さで打ち込む。

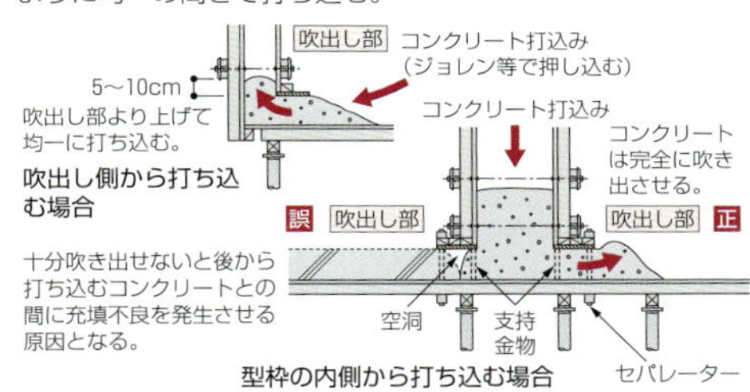

型枠の内側から打ち込む場合

参考 1

62ページ 管理1
63ページ 管理2 管理3 管理4

沈降の防止

①階高の大きな柱や壁を一気に打ち上げると、沈降によるひび割れの原因につながる。1回の打込み高さの目安は、一般的な事務所ビルや集合住宅の階高の梁下程度とする。

②スラブの打込みでは、ブリーディングにともなうコンクリートの沈降によるひび割れの発生を防止するため、タンパ等で粗骨材が表面より沈むまでタンピングする。

③流動性の高いコンクリートの場合でも、バイブレーターによる締固めはしっかり行い、空気の追い出しをする。

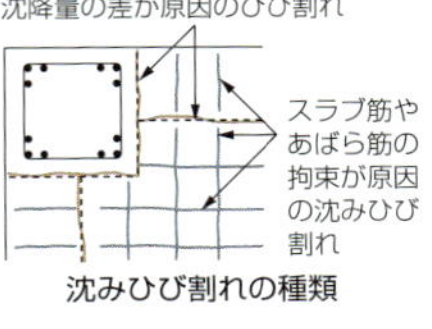

沈みひび割れの種類

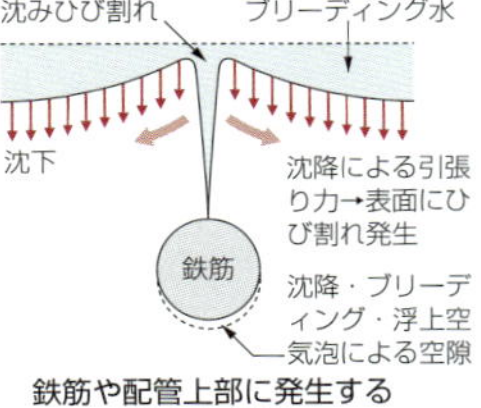

鉄筋や配管上部に発生する沈みひび割れ

コンクリートのポイント

☞ 吹出し部をコンクリートで止める場合は、じゃんかや空洞の発生を防止するため、吹出し上部の型枠を十分叩くとともにバイブレーターをよくかけ、密実に充填して吹出し部からコンクリートを完全に吹き出させる。設定するスランプ値が重要となる。

☞ 打ち込んだばかりのコンクリートは、圧密やブリーディング現象による沈降を原因とするひび割れを発生させるため、タンピングを行ってこの発生を防止する。

打設（打込み）管理

8 部位別打込み方法（3）

管理 1

59ページ 管理6
65ページ 管理3

パラペット、手すり、逆梁の打込み

①パラペット、手すり、逆梁は、スラブと同時に一体で打ち込む。やむを得ず後打ちする場合、パラペットは最低15cm程度を同時に一体打ちとする。

②吹出し部を先行して打ち込む場合は、立上り内部のコンクリート天端が浮かし型枠の下端より5～10cm程度高くなるよう、型枠内にコンクリートを押し入れる。

打重ね時間の限度内で、コンクリートの凝結状態を確認しながら立上り部、スラブの順で、同時にコンクリートを打ち込む。

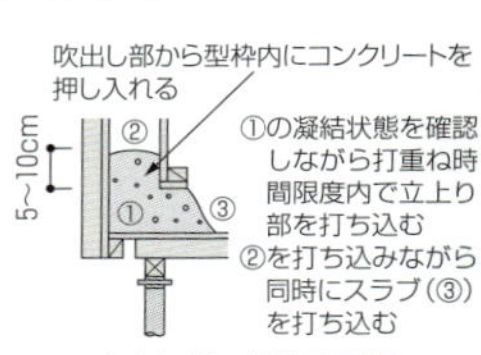

立上り部の打込み手順

③立上り部とスラブを同時に打ち込む場合は、吹出し部に押え型枠を設置するか、メタルラス等でコンクリート止めを行う。

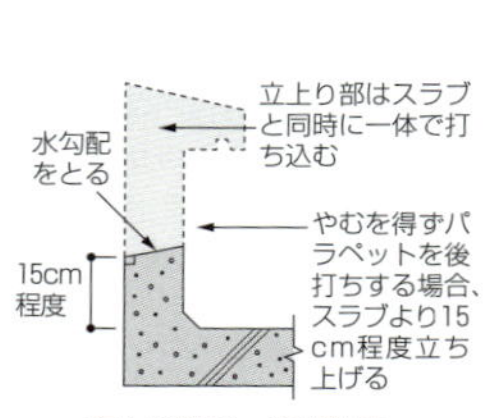

立上り部の一体打込み

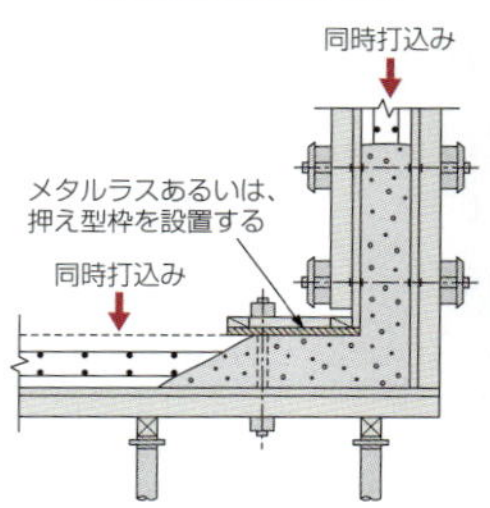

押え型枠、コンクリート止めの設置による同時打込み

管理 2

SRC造の打込み

①柱の打込みでは、コンクリートヘッドの位置を確認しながらフランジの各方向から均等に打ち上げる。

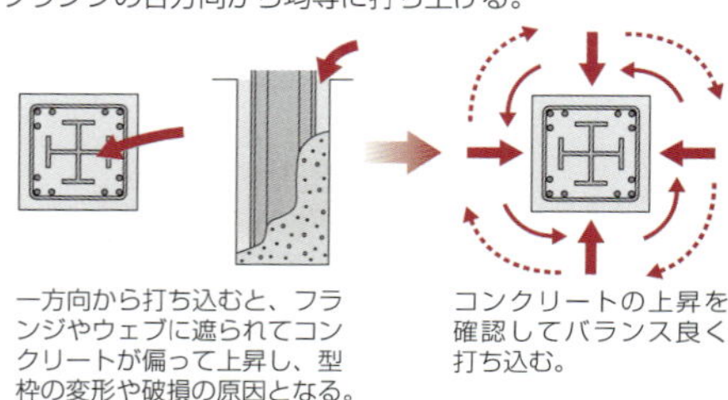

柱の打込み方法

②梁の打込みでは、上下フランジの下端に空洞ができやすいため、空気溜まりの発生に注意する。

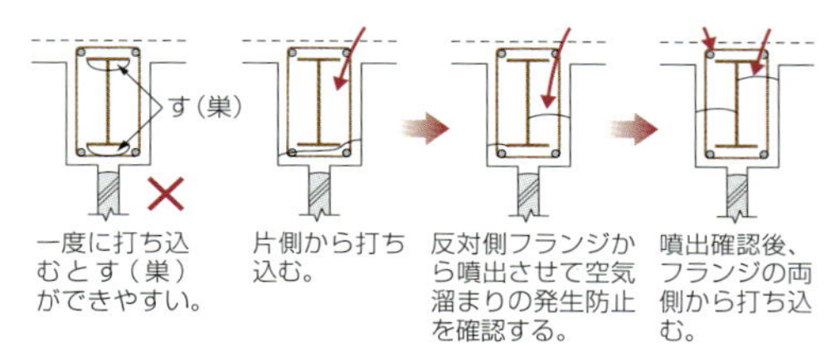

梁の打ち込み方法[9)]

Q スラブの打込み中に突然、雨が激しく降ってきて、打ち込んだコンクリートが雨で洗われて骨材が現れ始めた。当分止みそうもないが、どのように対処したらよいのか？

A 打込みを継続すると、①モルタル分が雨水で洗い流されコンクリートが分離、②雨水の混入によりコンクリートの性能が低下、③打上り面が雨に叩かれ表面仕上げの品質確保が困難、などの悪影響が生じる。以下の項目について工事監理者と協議し、突然の降雨への対応方法を定めておく。

①打ち込んだコンクリートを至急シートで養生
打込みを完了したスラブ面のほか、柱、壁、梁の打重ね部分をシート養生し、コンクリートの性能低下を防ぐ。

②型枠内の雨水を排水
型枠に排水口をあけ、溜まった雨水をコンクリートで排水口に押し流して排水し、雨水混入による性能低下を防ぐ。

③打重ね部の一体化
打重ね部は雨水に洗われているため、打重ね時にバイブレーターを十分かけてコンクリートの一体化を図る。

④スラブ天端の打ち止めと補修・仕上げ
打込みを続行する場合、スラブ筋のかぶり厚が10～15mm程度となるまで天端を下げてコンクリートを打ち止め、後日、脆弱部分を除去して同強度以上のモルタルを打ち足す。

⑤打継ぎを設けて打込み範囲を縮小
打込み継続が困難な場合、スラブは打継ぎを設けて打込み範囲を縮小し、柱、壁、梁はできるだけ水平に打ち止めを行う。後日、打継ぎの脆弱部やレイタンスを高圧洗浄等で完全に除去して、残された部分のコンクリートを打ち込む。

コンクリートのポイント

- パラペットとスラブは同時一体打込みを原則とする。やむを得ない場合は、外勾配で最低15cm程度の立上りを設ける。
- SRC造では、柱や梁の鉄骨部材がコンクリートの流動の妨げとなるため、空気溜まりの発生や偏ったコンクリートの上昇を防ぐ。
- 鉄筋と鉄骨が混んでいる部分では、コンクリートが型枠内に入りにくく、じゃんか等の欠陥が発生しやすいので注意する。また、打込み中に付着したコンクリートは確実に清掃除去する。

10章 仕上げ・養生

① 左官仕上げ

管理 1

左官仕上げの選定および範囲の確認

床の最終仕上げの種類と範囲に応じた左官仕上げを行う。左官仕上工事には、均し、木ごて直押え仕上げ、金ごて直押え仕上げ、直ほうき目仕上げ、直押え（防水下、タイル下、カーペット下、Pタイル下）などがある。

管理 2

75ページ 管理7

要求精度の確認

建物用途、床の使用方法、仕上仕様を考慮して必要な精度を確認する。

① 定木摺り

② トンボ均し

管理 3

左官仕上げの手順（例）

コンクリート打込み

↓

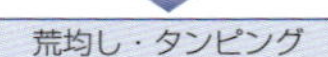

荒均し・タンピング

↓

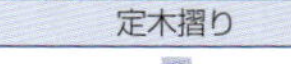

定木摺り

↓

トンボ均し

↓

天端レベル確認・修正

↓

金ごて押え・1回目（人力または機械ごて）

↓

金ごて押え・2回目（人力または機械ごて）

コンクリートの金ごて直押え仕上げ手順

③ 天端レベル確認・修正

④ 金ごて押え（機械ごて）

管理 4

67ページ Q & A

打込み前の左官仕上げの確認事項

①左官業者と事前に打合せを行う。

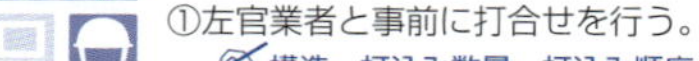

構造、打込み数量、打込み順序、仕上げの種類と各面積、レベルの出し方、墨出しの合番の要否等

②床レベルの「あたり」を適切に配置する。

レベルポインター、鉄筋へのテープ巻き

③基準レベルを確認する。

打込み時の振動に影響がない場所、レベルを盛り替えたときに見える位置

④降雨時の対策を検討しておく。

突然の降雨に対する処置方法

⑤夜間作業の準備をしておく。

近隣への説明、照明設備、作業員との連絡体制

⑥安全設備を確認する。

✍打込み順序と外部足場への渡り

管理 5

65ページ 参考1

打込み中の注意事項

①タンピングを入念に行う。

②レベルを確認する。左官の天端レベルの確認は自動レベルで行う。

✍左官の天端レベルチェック時に、レベルによって確認を行う。

✍レーザーレベルによる確認は誤差が大きいため、使用する場合は注意する。

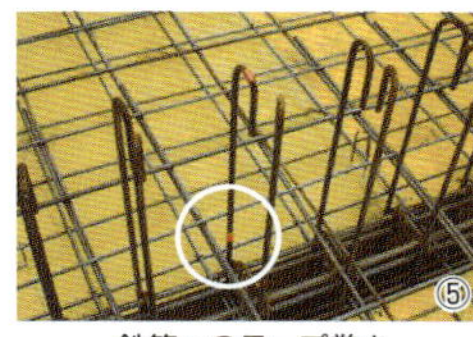

鉄筋へのテープ巻き

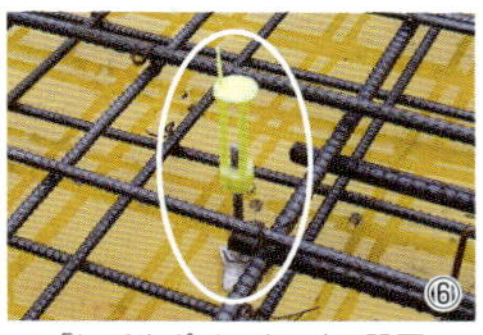

「レベルポインター」の設置

参考 1

93ページ ポイント5

高強度コンクリートの押え

高強度コンクリートは、ブリーディングがほとんど発生せず、夏期では表面が乾燥しやすくこわばり現象やプラスチックひび割れが発生しやすい（夏期だけでなく湿度が低く風が強い日にも注意が必要）。また、一般のコンクリートに比べ粘性が高く、こて押えが難しい。そのため打込み直後に膜養生剤を散布して水分の散逸を防ぎ、こての滑りを良くする等の対策を行う必要がある。

管理 6

63ページ 管理4

不具合事例と対策のポイント

柱の水平打継ぎ部

水平目地のずれ

コンクリートのポイント

☞打込み前に、①左官仕上げの種類と範囲、②コンクリートの天端のあたり出し（レベルポインター、鉄筋のテープ巻き）、③降雨時の対策・対処について必ず確認しておく。

☞コンクリートが固まり始めた頃に、鉄筋の上に沿って発生する沈みひび割れは、タンピングして閉塞させる。

☞柱、梁、壁内の水平打継ぎは、水溜まりが発生しないよう凸面にし、木ごてで均す。

② 養生・脱型（1）

養生の目的

コンクリートが硬化後に本来の性能を発揮するために、硬化初期において十分な養生を施す必要がある。特に、打込み上面などコンクリートが露出した面は、打込み直後から気候の影響を直接受けるので、養生が必要となる。

①水和反応に必要な水の供給
②安定した強度確保のため適当な温度に保持
③振動・衝撃・荷重などの外力からの保護
④日光の直射、風などの気象作用に対するコンクリート露出面の保護

養生期間における不具合例

原因	現象
水分の供給不足	コンクリート打込み直後の硬化初期の段階で十分な水分が得られないと、水和反応に必要な水分が不足し、強度発現に支障をきたす。 下図参照
急激な乾燥	若材齢のコンクリートが直射日光や強風にさらされると、表面にひび割れが発生する。
寒冷期の温度低下	養生期間中にコンクリートが凍結すると硬化不良を起こしたり、所定の強度が得られない。
暑中期の温度上昇	養生期間の温度が過度に高いと、長期材齢における強度増進が少なくなる。
振動・衝撃の負荷	凝結硬化中のコンクリートに振動・衝撃や過大な荷重を加えると、ひび割れの発生や損傷を与えることがある。

養生による不具合

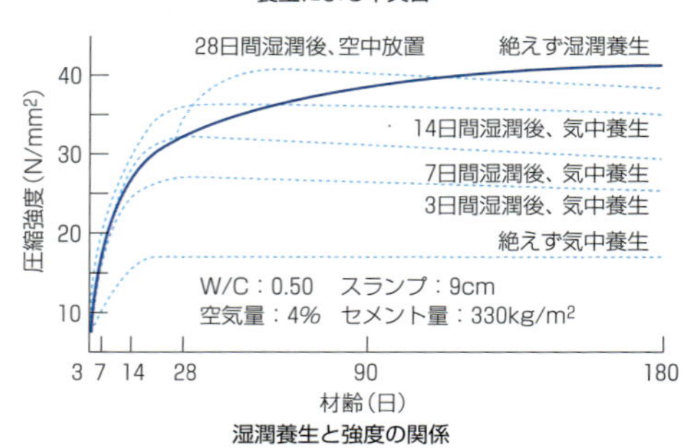

湿潤養生と強度の関係

所定の期間適切な湿潤養生を行うことで、コンクリートの圧縮強度は高くなる。初期段階から気中養生したコンクリートは、絶えず湿潤養生したコンクリートの半分以下の強度しか発現しない。

管理 3

88ページ
ポイント4

湿潤養生

湿潤養生の方法は、環境および施工条件に合致するとともに、コンクリート打込み後の後工程（墨出しや配筋作業）への影響が最も少ないものを選択する。

湿潤養生の種類と特徴

種類		特徴
湿潤養生の方法	噴霧	直接散水するとコンクリート表面が傷つく場合は、スプレー等で水を噴霧して表面の乾燥を防ぐ。
	散水	人力あるいはスプリンクラーによる散水、むらが出ないよう均質に散布する。自動的な常時散水が望ましい。
	シートによる覆い	コンクリートに十分散水し、その上にシートを密着させる。水の供給は状況に応じ、1回／日以上とする。
	濡れマット、湿布等による覆い	マット、麻布等透水性のあるもので、コンクリート表面を覆い、その上から散水する。散水量が不足すると覆いそのものが、コンクリートの水分を吸収するおそれがある。
	型枠への散水	木製型枠を使用し、気温が高く乾燥が早い場合は、型枠に散水する。
被膜養生の方法	不透水性シートによる覆い	コンクリートからの水分の蒸発を防ぐ方法で、養生水が得られない場合や養生作業の能率を向上させたい場合に用いる。
	膜養生剤の散布（塗布）	コンクリートの表面仕上げ終了後、できるだけ早い時期に膜養生剤を散布し、水分の蒸発を防ぐ。初期の乾燥防止、特に高強度コンクリートに対して有効である。

管理 4

88ページ
ポイント4

湿潤養生の期間

湿潤養生期間

計画供用期間の級 ＼ セメントの種類		早強ポルトランドセメント	普通ポルトランドセメント	中庸熱ポルトランドセメント	低熱ポルトランドセメント、高炉セメントB種、フライアッシュセメントB種
短期および標準	期間	3日以上	5日以上	7日以上	
	圧縮強度*	10以上		10以上	－
長期および超長期	期間	5日以上	7日以上	10日以上	
	圧縮強度*	15以上		15以上	－

＊湿潤養生を打ち切ることができるコンクリートの圧縮強度（N/mm²）。

コンクリートのポイント

- 要求されたコンクリート性能を実現するためには、養生期間中は適切な温湿度に保ち、有害な応力、変形を与えないことが大切である。
- 硬化初期段階の湿潤養生は、コンクリート強度の発現を左右する。
- 湿潤養生の方法は、環境および施工条件に合致するとともに、コンクリート打込み後の後工程（墨出しや配筋作業）への影響が最も少ないものを選択する。

③ 養生・脱型(2)

管理 1

86ページ
寒中コンクリート

寒冷期のコンクリート

初期凍害の防止と低温による強度増進の遅れ対策として、コンクリート打込み後、適切な温度に保つことが必要である。寒冷期にはコンクリートを寒気から保護し、打込み後5日間以上コンクリート温度を2℃以上に保つ。

ただし、早強ポルトランドセメントを用いる場合は、この期間を3日間以上としてよい。なお、地域によっては寒中コンクリートの適用を受ける期間があり、総合的に管理することが必要である。

管理 2

86ページ
ポイント4

保温養生

コンクリート打込み後、凍害のおそれがある場合には保温養生を行う必要がある。保温養生には以下の種類がある。

保温養生の種類と特徴

種類		特徴
被覆養生	シートによる保温	コンクリート露出面、開口部、型枠の外側をシート類で覆う。外気温が0℃以下になるおそれのある場合に用いるが、気温が著しく低い場合は適温に保つことが不可能である。
断熱養生	断熱材による保温	コンクリート表面に断熱マットを敷いたり、発泡ウレタン、スチロール等の断熱材を張り付けた型枠を用いる。外気温があまり低くなく(0℃程度)、ある程度部材の寸法が大きい場合には有効である。
加熱養生	ジェットヒータ等による噴射空間加熱	燃焼ガスを室内に放出するため熱効率は良い。労働環境が汚染されやすいので注意を要する。放熱量の温度分布は悪いが、取扱いや移動は容易。
	石油ストーブ等による直接空間加熱	手軽で小規模向き。輻射熱量は多く、作業・養生とも適する。

シートによる保温

ジェットヒータ等による保温

管理 3

温度の確認

養生が有効に機能しているか否かについては、コンクリートおよび保温された空間の温度を継続的に測定することが必要で、熱電対式の温度記録計を用いるのがよい。コンクリートの凍結のおそれが少ない場合は、施工空間とその周囲の気温のみを記録して管理を行ってもよい。

管理 4

88ページ
暑中コンクリート

暑中時のコンクリート

夏期の打込み後のコンクリートでは、直射日光の影響で急激な温度上昇、乾燥によるひび割れを防止するために、他の季節より特に表面を湿潤に保つための養生が必要である。

管理 5

105ページ
ポイント4
ポイント5

2009

118ページ
9.10

型枠（せき板）の存置期間

せき板の存置期間は、計画供用期間が短期および標準の場合は5N/mm^{2}以上、長期および超長期の場合は10N/mm^{2}以上とする。ただし、平均気温とセメントの種類によっては、圧縮強度ではなく下表の日数以上によりせき板を取り外すことができる。また、スラブ下や梁下のせき板は支柱（支保工）の存置期間による。

基礎・梁側・柱および壁のせき板の存置期間を定めるための
コンクリートの材齢[10)]

	コンクリートの材齢（日）		
セメントの種類／平均温度	早強ポルトランドセメント	普通ポルトランドセメント 高炉セメントA種 シリカセメントA種 フライアッシュセメントA種	高炉セメントB種 シリカセメントB種 フライアッシュセメントB種
20℃以上	2	4	5
20℃未満 10℃以上	3	6	8

管理 6

103ページ
ポイント5
105ページ
ポイント5

支柱（支保工）の存置期間

支保工の存置期間は、スラブ下・梁下とも設計基準強度の100%以上のコンクリート圧縮強度が得られることを確認されるまでとする。
ただし、構造計算による安全が十分確認された場合も可とする（最低12N/mm^{2}以上）。

特記仕様書に「材齢28日まで存置する」と記載されていることもあるので、内容を確認する。曲げひび割れが入ると剛性が著しく低下し、有害なたわみを生じることもあるため、施工荷重を低減できる「打込み時2層受け」を基本とする。

バルコニー等、片持ちスラブは3層受けを検討する。

コンクリートのポイント

- 寒冷期には、打込み後5日間以上コンクリート温度を2℃以上に保つよう、必要に応じて保温養生を行う。
- 暑中時のコンクリートは、急激な温度上昇によりひび割れ等が発生しやすいため、湿潤養生やせき板の存置期間を延長する等の処置が必要である。
- サッシ抱き部分や目地部分は欠けやすく、漏水の原因になるため、脱型時期や方法を検討する。

11章 出来形

1 出来形検査

管理 1 出来形検査の手順

検査要領の策定 ①検査項目、②検査時期、③基準値の設定、④不具合発生時の処置方法 等

↓

検 査 —OUT→ 不具合の修正 ＊84～85ページ「ひび割れの補修方法」参照

OK ↓ 次工程へ　　　　↓ 施工方法の見直し ↓ 次工程へ

出来形検査のフロー

管理 2 脱型時の欠損状況

不適切な脱型方法や時期、材料が原因で起こる不具合は、後工程の仕上工事に悪影響を及ぼすため、以下の項目について検査を行う。

①目地欠け
②抱き部分の欠け
③柱梁の角欠け等

以上①～③の不具合は、後に漏水や仕上材の剥離等の不具合を引き起こすため、不具合が発生した場合には、適切な処置方法を実施する。

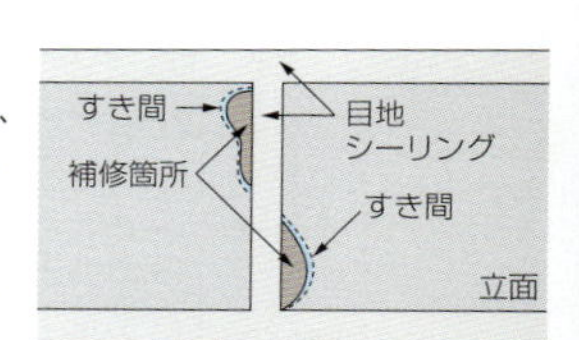

目地欠けは補修をしてもシーリングで引っ張られ、すき間が生じ漏水することもある。欠けさせないことが大切。

すき間ができ、ひび割れを通して漏水

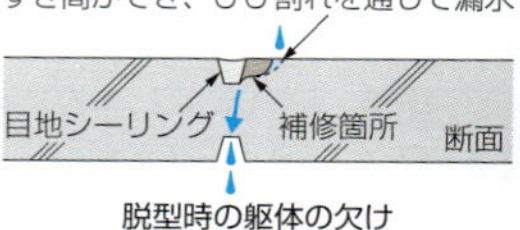

脱型時の躯体の欠け

管理 3 打込み後早期に発生するひび割れ

59ページ 管理7
65ページ 参考1

打込み後早期に発生するひび割れは、以下①～③のような原因が考えられる。ひび割れの幅や部位により適切な補修方法が異なるため、点検要領策定段階において検討しておく。

①型枠のはらみ、型枠の支柱の沈下、不適切な打込み方法
②左官工事のタンピング不足
③日射や風、気温が原因で起こる急激な乾燥

管理 4 表面の仕上がり状態 ＊78～85ページ「補修」参照

①打込み欠陥の確認
　じゃんか、空洞、砂縞、コールドジョイント、表面硬化不良
②その他の欠陥の確認
　突起物、不陸、型枠の目違い、型枠材のくい込み

管理 5 かぶり厚さ ＊112ページ「ポイント1」参照

せき板および支柱取外し後に、構造体のかぶり厚さに関して検査を受ける。

管理 6 構造体および部材の位置と断面寸法

構造体および部材の位置と断面寸法の許容差は特記による。特記がない場合には下表による。

構造体の位置および断面寸法の許容差の標準値[11]　　(mm)

項目		許容差
位置	設計図に示された位置に対する各部材の位置	±20
構造体および部材の断面寸法	柱・梁・壁の断面寸法	−5 +20
	床スラブ・屋根スラブの厚さ	
	基礎の断面寸法	−10 +50

管理 7 表面の平たんさ

コンクリート表面の平たんさは特記による。特記がない場合には下表による。

コンクリート仕上がりの平たんさの標準値[12]

コンクリートの内外装仕上げ	平たんさ(mm)(凹凸の差)	柱・壁の場合(参考)	床の場合(参考)
仕上げ厚さが7mm以上の場合、または下地の影響をあまり受けない場合	1mにつき10以下	塗り壁 胴縁下地	塗り床 二重床
仕上げ厚さが7mm未満の場合、その他かなり良好な平たんさが必要な場合	3mにつき10以下	直吹付け タイル圧着	タイル直張り じゅうたん直張り 直防水
コンクリートが見え掛かりとなる場合、または仕上げ厚さがきわめて薄い場合、その他良好な表面状態が必要な場合	3mにつき7以下	打放しコンクリート 直塗装 布直張り	樹脂塗り床 耐摩耗床 金ごて仕上げ床

特に、化粧打放しコンクリートは、補修等の手直しができないため、精度管理については工事監理者と十分協議すること。

＊108〜111ページ「打放しコンクリート」参照

コンクリートのポイント

- 次工程に移る前には、コンクリートの出来形について、①脱型時の欠損状況、②ひび割れ、③表面の仕上がり状態、④コンクリート部材の位置と断面寸法、⑤表面の平たんさ、を確認する。
- 不具合を発見したら発生原因を突き止め、再発防止に努める。
- 表面の仕上がり状態において、欠陥が認められたときには、部位や欠陥の程度によって補修方法と補修材料が異なるため、あらかじめ補修方法を決めておく。

② コンクリートの強度

管理 1

20ページ 基本1
57ページ 管理3

供試体の養生

コンクリートの圧縮強度検査には、「使用するコンクリートの検査」と「構造体コンクリートの検査」の2種類があり、採取方法や判定基準が異なる。

施工上必要な強度の管理は、材齢28日までは現場水中養生または現場封かん養生、材齢28日を超える場合は現場封かん養生となる。

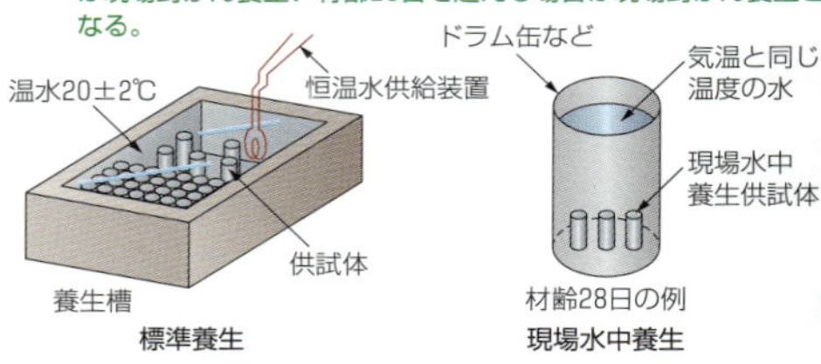

管理 2

2009

114ページ 3.7
120ページ 11.11

2018

133ページ 11.11

圧縮強度の判定基準

①使用するコンクリートの判定基準

標準養生供試体が管理材齢で呼び強度を満足していれば合格とする。

②構造体コンクリートの判定基準

構造体コンクリートの圧縮強度の判定基準[13)]

供試体の養生方法	試験材齢	判定基準
標準養生	m日（原則28日）	$X \geqq Fm$
コア	n日（原則91日）	$X \geqq Fq$

X ：1回の試験による3個の供試体の圧縮強度の平均値（N/mm²）
Fm：コンクリートの調合管理強度（N/mm²）
Fq ：コンクリートの品質基準強度（N/mm²）

現場水中養生による場合は、材齢28日までの平均気温が20℃以上の場合は$X \geqq Fm$、20℃未満の場合は$X-3 \geqq Fq$を満足すれば合格となる。

管理 3

73ページ 管理5 管理6
105ページ ポイント5

強度確認が必要な項目

①型枠脱型時強度の確認
②プレストレストコンクリート導入時の強度の確認
③寒中コンクリートの養生打ち切り時期の確認

上記①～③については、現場の条件に近い現場水中養生で管理する。万が一所定強度がでなかったときに備えて、予備の供試体を作成しておくとよい。

試験時には材齢x日として、コンクリート打込み後の気温等で類推し、試験機関に試験日を連絡する。

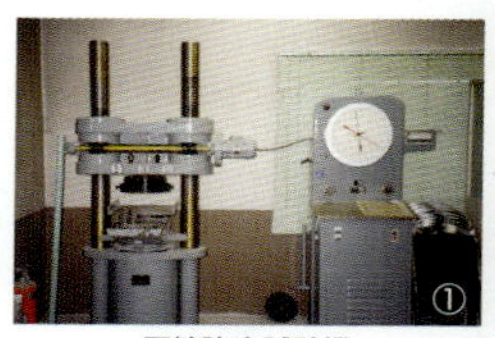

圧縮強度試験機

Q & A

56ページ 管理2
57ページ 管理3

Q 構造体コンクリートの圧縮強度試験で所定の強度が得られずに不合格となった場合、どのように対処したらよいのか？

A 構造体コンクリートの圧縮強度の試験で不合格となった場合は、速やかに工事監理者と協議し、以下の手順で対策を講じる。

①原因推定のための調査

- 供試体の性状および試験時の状況を確認する。
- 供試体養生期間中の平均気温および供試体の養生温度を調査する。
- 供試体採取時のフレッシュコンクリートの性状の良否を確認する。
- レディーミクストコンクリートの受入れ検査時の結果を確認する。
- 現在までの圧縮強度試験結果や製造工場の管理データを確認する。

②構造体コンクリートの圧縮強度を推定するための調査

- 構造体コンクリートからコア供試体を採取し、圧縮強度検査を実施する。
- 構造体コンクリートの非破壊検査（リバウンドハンマーによる打撃試験等）を実施する。

構造体コンクリートの圧縮強度をコア供試体で検査し、品質基準強度設（計基準強度および耐久設計基準強度）が確保されていれば合格とすることができる。

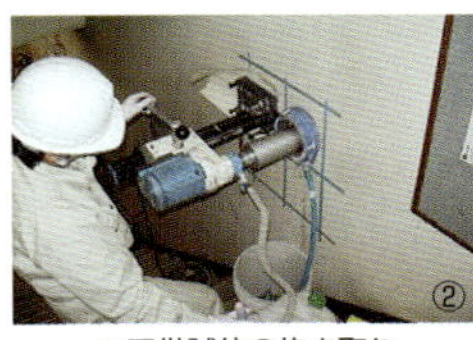

コア供試体の抜き取り

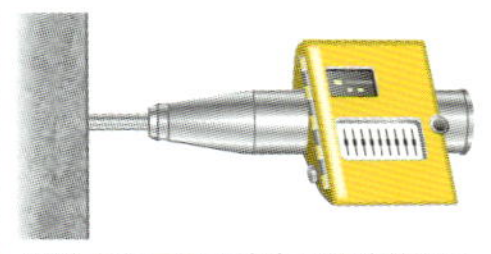

20箇所の反発度（R）の平均値から圧縮強度を推定する。

リバウンドハンマーによる打撃

③調査結果に基づく総合的な判断

- 調査結果に基づいて対応を検討する。
- 構造計算によるチェックを行う。
- 処置方法を立案し、工事監理者と協議する。

コンクリートのポイント

- コンクリートの圧縮強度検査は、「使用するコンクリートの検査」と「構造体コンクリートの検査」の2種類がある。
- 強度試験で所定の強度が得られなかった場合には、原因を調査するとともに、工事監理者と協議の上、コア供試体を採取して圧縮強度試験を行い、不合格の場合には、補強措置等を検討する。
- 国土交通省告示改正にともない、圧縮強度試験に用いる供試体の養生方法において、標準養生が追記された。

12章 補修

1 じゃんか、コールドジョイント、エフロレッセンス

管理 1

じゃんか

じゃんかは、コンクリートが分離して粗骨材の回りにモルタルが充填されない場合に発生する。

じゃんか

原　因

58ページ 管理4
61ページ 管理3

じゃんかの原因および箇所

原　因	箇　所
①打込み時の材料の分離 ②締固め不足 ③型枠下端からのセメントペーストの漏れ	①設備の埋込み配管の下部 ②窓などの開口下部 ③階高の高い柱・柱脚部、薄い壁 ④SRC造の梁下中央にある壁 ⑤壁付きの階段

対　策

58ページ 管理5

①ワーカビリティーの良好なコンクリートを打ち込む。
②コンクリートが分離しないように打ち込む。
③バイブレーターで十分締め固めるとともに、叩きなどで念入りに充填する。

補　修

じゃんかの程度と補修方法

じゃんかの程度	補修方法
砂利が露出し、表層の砂利を叩くと剥落するものがあるが、砂利どうしの結合力は強く、連続的にばらばらと剥落することはない(深さ30mm以下)。	不要部分をはつり取り、健全部分を露出。ポリマーセメントペーストなどを塗布後、ポリマーセメントペーストなどを充填する。
鋼材のかぶりからやや奥まで砂利が露出し、空洞も見られる。砂利どうしの結合力は弱まり、砂利を叩くと連続的にばらばらと剥落することもある(深さ30～100mm)。	不要部分をはつり取り、健全部分を露出。無収縮モルタルを充填する。
コンクリートの内部に空洞が多数見られる。セメントペーストのみで砂利が結合している状態で、砂利を叩くと連続的にばらばらと剥落する(深さ100mm以上)。	不要部分をはつり取り、健全部分を露出。コンクリートで打ち換える。

管理 2

コールドジョイント

コールドジョイントは、コンクリートを連続して打ち込むことができず、前に打ち込まれたコンクリートの上に、後から重ねて打ち込まれたコンクリートが一体化していない状態。

コールドジョイント

原　因

49ページ
計画4
計画5

先に打ち込まれたコンクリートの硬化程度が最大の発生要因であり、この硬化程度は調合、環境条件、施工、運搬・打込みなどの影響を受ける。

対　策

59ページ
管理6
60ページ
管理2

①通常時
・コンクリート打込み時の中断を避ける。
②打込みが中断した場合
・後のコンクリートを早急に打ち込む。
・先に打ち込まれたコンクリートと一体となるように締固めを行う。

特に、夏期においては、時間間隔を短縮するとよい。

補　修

コールドジョイントの補修方法

劣化状況	補修方法
軽微なコールドジョイント	ポリマーセメントモルタルのはけ塗り。
ひどいコールドジョイント	Uカット工法などのひび割れ補修対策に準じる。

管理 3

エフロレッセンス（白華）

エフロレッセンス（白華）は、一般にコンクリートやれんがなどの表面の析出物をいう。

壁面に発生したエフロレッセンス

原　因

混練水、外部から浸入した水、結露水などの水分が、可溶性成分とともにコンクリート表面に移動し、表面での水分蒸発や空気中の炭酸ガスの吸収によって析出する。

対　策

①コンクリート製造時に、ひび割れ等の発生を予防する。
②表面処理により、コンクリートへの水分の浸入を防止する。

補　修

エフロレッセンスの除去方法は、以下に示す方法で実施する。
①表面処理（止水処理）による方法
②ふっ化アンモニウム系洗剤による方法
③酸性洗剤による方法

コンクリートのポイント

☞ じゃんかの補修は、不良部分をはつり取り、空隙部に無収縮モルタルやコンクリートを充填する。
☞ コールドジョイントの補修は、ひび割れの補修方法に準じ、軽微な場合にはポリマーセメントによるはけ塗り、ひどい場合にはUカット充填工法を用いる。
☞ エフロレッセンスの補修は、酸性洗剤などの化学薬品による除去ののち、止水などの表面処理を実施する。

2 ひび割れの種類と原因(1)

基本 1

ひび割れ

コンクリートは、下表に示すように引張り強度が圧縮強度の1/10程度であり、一般的にひび割れの発生しやすい材料であるため、現状の技術ではひび割れを完全に防止することはできない。

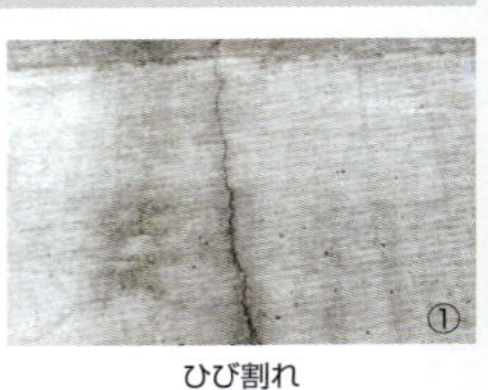

ひび割れ

コンクリートの引張り特性・収縮ひずみ

引張り強度	≒0.1×(圧縮強度)
引張り変形能	≒(200〜300)×10^{-6}
温度伸縮ひずみ	≒10×10^{-6}/℃
自由乾燥収縮ひずみ	≒(400〜800)×10^{-6}

100×10^{-6}は1m当たり0.1mmで、長さ1mのコンクリート部材をゆっくり引っ張って変形させると、0.2〜0.3mm程度伸びた段階でひび割れが発生する。

管理 1

原 因

36ページ 計画2

乾燥収縮によるひび割れ

コンクリートの乾燥による収縮ひずみが、鉄筋や接合部材などによって拘束され応力が発生する。コンクリートの引張り強度が小さい場合、この拘束応力により最も条件の悪い部分にひび割れが発生する。

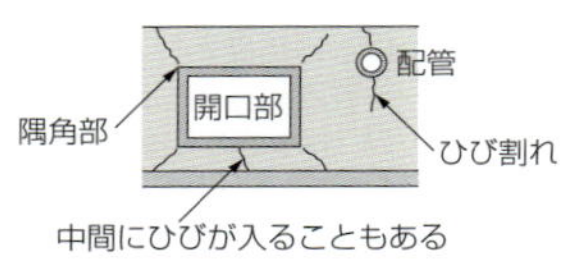

開口部周辺のひび割れ

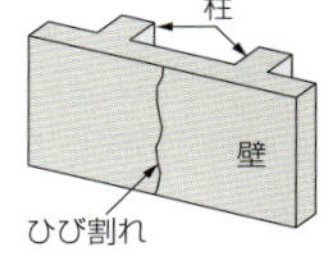

壁の中央の縦ひび割れ

対 策

98ページ ポイント2

①単位水量の低減等、乾燥収縮の小さいコンクリートを使用する。
②乾燥を防ぐための養生を実施する。
③膨張材や収縮低減剤を使用する。
④ひび割れ誘発目地によりひび割れを制御する。

補 修

＊84〜85ページ「ひび割れの補修方法」参照

管理 2

原 因

熱応力によるひび割れ

構造物の一部が加熱あるいは冷却された場合、温度差による熱応力が発生し、膨張部(高温部)周辺に圧縮応力が発生する。また、収縮部(低温部)は周囲から変形が拘束されていることにより引張り応力が発生し、これらの引張り応力によってひび割れが生じる。

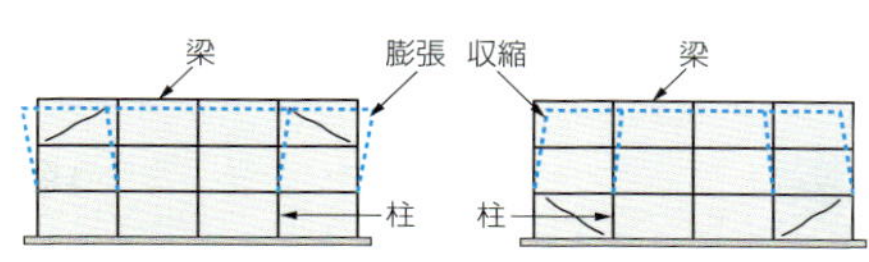

乾燥収縮や温度伸縮により最上階端部の外壁にハの字のひび割れが生じる。

建物上層部の加熱によるひび割れ

乾燥収縮が基礎梁・柱に拘束されることで、1階端部の外壁に逆ハの字のひび割れが生じる。

建物下層部の拘束によるひび割れ

対　策　①ひび割れ誘発目地・鉄筋補強によりひび割れを制御する。
②受熱による温度差が発生しないような設計とする。

補　修　＊84～85ページ「ひび割れの補修方法」参照

管理 3　セメントの水和熱によるひび割れ

原　因　94ページ ポイント1

大きな断面（一辺が80cm以上）の地中梁や厚い地下壁などにコンクリートを打ち込んだ場合、セメントの水和熱によって温度が上昇し、表面と内部の温度差による内部拘束、および温度降下時の収縮変形が、既設コンクリートや岩盤などに拘束されると外部拘束によってひび割れが発生する。

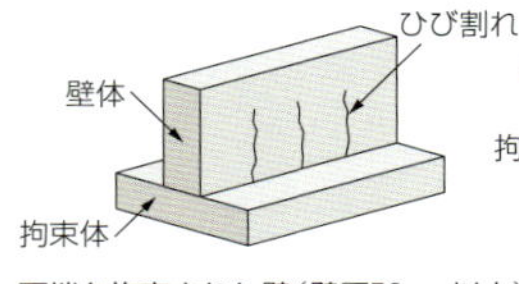

下端を拘束された壁（壁厚50cm以上）（擁壁、カルバートなど）

背面を拘束された壁（連壁一体壁など）

対　策　94ページ ポイント3

①コンクリートの練上がり温度を低くする。
②温度上昇を小さくするような材料、調合を使用する（低発熱系セメントの使用、石灰石粗骨材の適用、マスコン用膨張材の使用）
③解析により温度上昇を抑えるような打込み計画とする。
④型枠の取外し時期を遅くし、急激な乾燥を防止する。
⑤ひび割れ誘発目地により制御する。

補　修　＊84～85ページ「ひび割れの補修方法」参照

コンクリートのポイント

☞ 乾燥収縮によるひび割れは、コンクリートの乾燥による収縮ひずみがコンクリートの引張り強度を上回った場合に発生する。
☞ 熱応力によるひび割れは、構造物の一部が加熱あるいは冷却された場合に、温度差による熱応力によって発生する。
☞ セメントの水和熱によるひび割れは、セメントの水和熱による温度上昇により、表面と内部の温度差による内部拘束と既設コンクリートや岩盤による外部拘束により発生する。

③ ひび割れの種類と原因（2）

管理 1

プラスチックひび割れ・沈降によるひび割れ

床スラブの打ち上がり直後は、一般にブリーディングによって生じるひずみと、上表面からの水分蒸発によるプラスチック収縮が同時に進行しており、夏期および湿度が低く風が強い日等は水分蒸発が多く、床スラブ筋の上にひび割れが生じる場合が多い。

原 因

36ページ 計画2
65ページ 参考1

対 策

①沈下・ブリーディングの少ないコンクリートを使用する。
②打設後初期の乾燥を防ぐ養生を実施する。
③ひび割れが発生した場合には、コンクリートが硬化する前にこて押え等の補修を実施する。

補 修

コンクリートが硬化する前は、こて押えにより補修が可能。コンクリート硬化後は、ひび割れ幅に応じ、表面塗布・注入・充填工法により補修する。

＊84～85ページ「ひび割れの補修方法」参照

管理 2

たわみによるひび割れ

床スラブなど水平部材に過大なたわみが生じた場合、右図のようなひび割れが発生する。このようなひび割れや居住時に異常体感が認められた場合には、たわみ調査を行う。

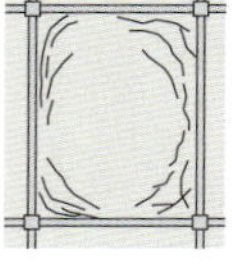
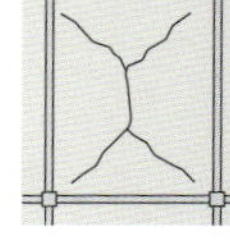

左図：スラブ上面には梁に接するように円形状に曲げひび割れが生じる。
右図：スラブ下面には対角線状に曲げひび割れが生じる。

たわみによる床スラブのひび割れ
（左：上面／右：下面）

原 因

①設計時：設計時の鉄筋量不足、部材の形状・寸法不足
②施工時：配筋の精度不良、支保工の早期撤去・載荷
③竣工後：用途変更による過荷重、経年による材質劣化

対 策

76ページ 管理2
103ページ ポイント5
105ページ ポイント5

①設計時：構造上必要な鉄筋量、部材形状・寸法を確保する。
②施工時：配筋検査および支保工撤去、載荷時の強度確認を徹底する。
③竣工後：用途変更時には構造設計者と協議する。経年による材質の劣化を生じないものを選定する。

補 修

たわみ劣化度の区分

劣化度	区分の基準		補修の要否
	たわみスパン比	ひび割れ幅（mm）・総長さ（m）	
Ⅰ（なし）	1/300未満	0.5未満かつ6未満	不要
Ⅱ（軽度）	1/200未満	1.5未満かつ15未満	必要
Ⅲ（中度）	1/100未満	3.0未満かつ20未満	
Ⅳ（重度）	1/100以上	3.0以上かつ20以上	

ひび割れ幅に応じて、表面塗布工法、注入工法、充填工法により補修。必要に応じて補強を実施する。

＊84～85ページ「ひび割れの補修方法」参照

管理 3

外力にともなう変形によるひび割れ

原　因

外力による変形は、コンクリート構造物に何らかの外力が発生して変形することである。コンクリート構造物に変形が生じると、一般的にはひび割れが発生する。その主な原因は、地盤の沈下、移動、支持力の低下、載荷荷重の増大、構造物の耐力不足、地震の影響などがある。構造物の材質の劣化や、設計・施工が不適切な場合に変位、変形を生じるが、大きな変形が生じる場合は地盤の変状が影響することが多い。下図に外力による変形例を示す。

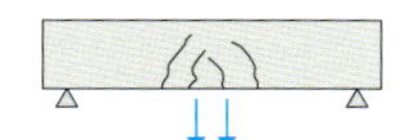

コンクリートの硬化過程において型枠支保工が沈下

型枠支保工の沈下によるひび割れ

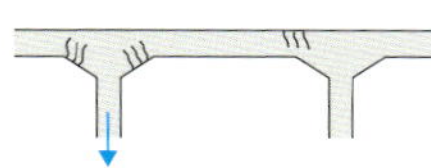

桁の中間支点両側の下縁にひび割れが発生

支点の不等（同）沈下によるひび割れ

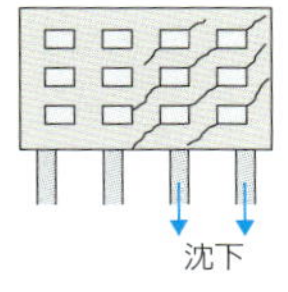

基礎杭の不等（同）沈下によるひび割れ

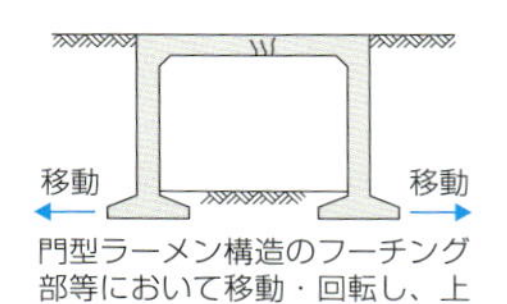

門型ラーメン構造のフーチング部等において移動・回転し、上スラブにひび割れが発生

構造物の移動・回転によるひび割れ

対　策

①設計、施工を適切に実施する。
②経年による材質の劣化を生じない材料を選定する。

25ページ参考1

補　修

ひび割れ幅に応じて、表面塗布工法、注入工法、充填工法により補修。必要に応じて補強を実施する。

＊84～85ページ「ひび割れの補修方法」参照

コンクリートのポイント

- プラスチックひび割れおよび沈降によるひび割れは、ブリーディングによるひずみと上表面からの水分蒸発により発生する。
- たわみによるひび割れは、コンクリート床スラブなど水平部材に過大なたわみが生じた場合に発生する。
- 外力に伴う変形によるひび割れは、コンクリート構造物に支保工の沈下、不等（同）沈下、構造物の移動、回転等の外力により変形が生じた場合に発生する。

4 ひび割れの補修方法

補修工法の種類

補修工事は、部材または構造物の劣化要因・劣化程度に応じた適切な補修工法や材料を選定して実施しなければならない。現在実施されている補修工法を分類してまとめると、下図のようになる。通常、これらの工法は、構造物の変状の種類、劣化機構、劣化程度に応じて単独または複数の工法を併用して実施される。

ひび割れ注入工法

主な補修工法の種類

- 補修工法
  - ひび割れ補修工法
    - 表面塗布工法
    - 注入工法
    - 充填工法
  - 断面修復工法
  - 表面被覆工法
  - 電気化学的補修工法
    - 脱塩工法
    - 再アルカリ化工法
  - 電気防食工法
  - その他の補修工法
    - 含浸材塗布工法
    - 剥落防止工法

補修の要否に関するひび割れ幅の限度[14)]

区分	その他の要因*1 ＼ 環境*2	耐久性から見た場合 厳しい	耐久性から見た場合 中間	耐久性から見た場合 緩やか	防水性から見た場合
補修を必要とするひび割れ幅(mm)	大	0.4以上	0.4以上	0.6以上	0.2以上
	中	0.4以上	0.6以上	0.8以上	0.2以上
	小	0.6以上	0.8以上	1.0以上	0.2以上
補修を必要としないひび割れ幅(mm)	大	0.1以下	0.2以下	0.2以下	0.05以下
	中	0.1以下	0.2以下	0.3以下	0.05以下
	小	0.2以下	0.3以下	0.3以下	0.05以下

＊1）その他の要因（大・中・小）は、コンクリート高層物の耐久性および防水性に及ぼす有害性の程度を示し、ひび割れの深さ・パターン、かぶり厚さ、コンクリート表面の被覆の有無、材料・調合、打継ぎなどの要因の影響を総合して定める。
2）主として、鉄筋の錆の発生条件の観点から見た環境条件。

表面被覆工法

コンクリート構造物の表面を樹脂系やポリマーセメント系の材料で被覆し、水分、炭酸ガス、酸素、塩分を遮へいして劣化の進行を抑制することで構造物の耐久性を向上させる工法。

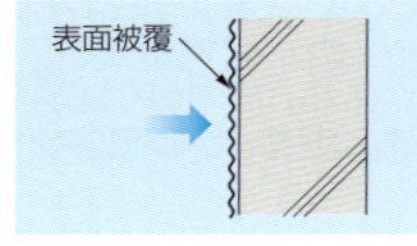

表面被覆工法

鉄筋近傍まで劣化因子が侵入。樹脂系やポリマーセメント系の材料で表面被覆する。

管理 2

ひび割れ補修工法

防水性、耐久性を向上させる目的で行われる工法であり、その種類には、表面塗布工法、注入工法、充填工法、その他の工法がある。

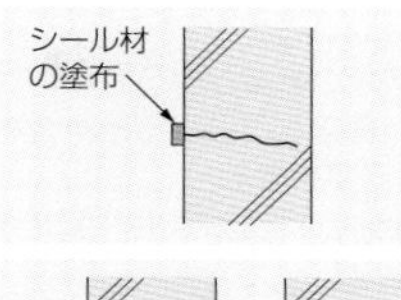

表面塗布工法

ひび割れ幅が0.2mm以下。
表面にシール材を塗布する。

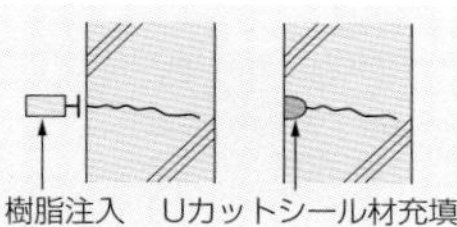

注入工法

欠損を伴わない。
樹脂注入およびUカットシール材を充填。

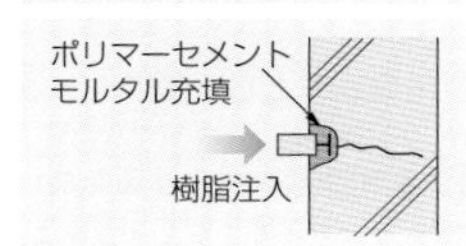

充填工法

欠損を伴う。
樹脂注入後、ポリマーセメントモルタルの充填。

管理 3

断面修復工法

コンクリート構造物が劣化により元の断面を喪失した場合の修復や中性化、塩化物イオン等の劣化因子を含むかぶりコンクリートを撤去した場合の、断面修復を目的とした補修工法。

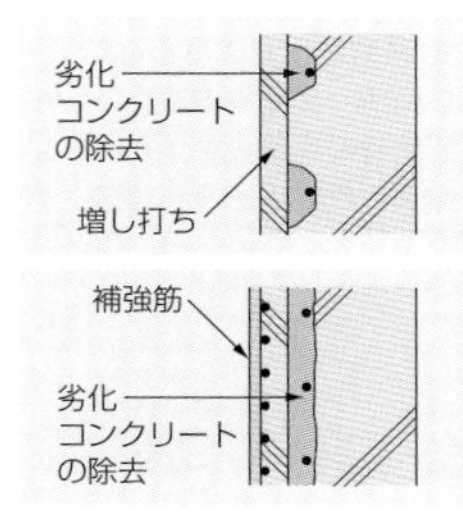

断面修復工法①

ひび割れと浮きを生じている。
浮きを生じた劣化コンクリートの除去、増し打ち。

断面修復工法②

鉄筋の断面欠損が生じている。
劣化コンクリートの除去、構造補強。

コンクリートのポイント

- 補修を行う際は、事前に適切な調査を実施し、構造部の変状の種類、劣化機構、劣化の程度を把握する。
- 補修は、構造物の変状の種類、劣化機構、劣化の程度に応じて単独もしくはいくつかの工法を併用して実施する。
- ひび割れの発生原因が過大荷重などの構造的な要因によるものか、コンクリートの収縮など材料特性によるものかを確認すること。特に、構造上に問題がある場合には、構造担当者の判断をあおぐこと。

13章 付録

1 寒中コンクリート

ポイント 1

53ページ
管理4

適用範囲

コンクリートの打込み後の養生期間で凍結するおそれのある場合に施工されるコンクリート。

硬化しない、あるいは所定の強度が得られないなどの初期凍害の防止や、施工荷重の負担などによる不具合をもたらす強度増進の遅れに注意する必要がある。

寒中コンクリートの適用期間は特記または下記による。

①日平均気温4℃以下の期間

②打込み後91日までの積算温度M_{91}が840°D·Dを下回る期間

$$M_{91}=\sum_{z=1}^{91}(\theta_z+10)$$

M_{91}：積算温度（°D·D）
z：材齢（日）
θ_z：材齢z日における日平均気温（℃）

ポイント 2

16ページ
基本1
19ページ
基本3

材料・混和剤

セメントは、凝結・硬化促進の上で早強ポルトランドセメントが有利である。

寒中コンクリートでは、初期凍害を防止するために所定の空気量を確保することが重要で、混和剤としてJIS A 6204に適合するAE剤、AE減水剤、高性能AE減水剤を使用する。

ポイント 3

初期養生

打込み直後のコンクリートは、初期凍害を受けないように初期養生を行う。期間は、打ち込まれたコンクリートで圧縮強度5.0N/mm^{2}が得られるまでとし、この間は打ち込まれたコンクリートのいずれの部分も凍結させてはならない。初期養生は、初期養生管理用の供試体によって圧縮強度5.0N/mm^{2}が得られたことを確認し、工事監理者の承認を受けて打ち切る。

初期養生は、初期凍害の防止の上で特に重要。寒中コンクリートの適用期間にかかわらず、寒波などで凍結のおそれがある場合など、日々の気象情報に十分注意すること。

ポイント 4

72ページ
管理2

保温養生

①加熱養生

養生上屋を設けて内部空間をヒーターなどで加熱。

②断熱養生

断熱性の材料でコンクリートを覆い、水和熱を利用して養生。

③被覆養生

シートなどで覆い、水分の蒸発と風の影響を防ぐ簡易な方法。

ポイント 5

強度管理（判定基準）

現場封かん養生または構造体温度養生供試体による。

①5.0N/mm^{2}以上で初期養生の打切り

②F_c以上で支保工除去

③材齢28日を超え91日以内n日において、F_q+3以上で構造体コンクリート強度保証確認

参考 1　寒中コンクリートの適用地域と期間

寒中コンクリートの適用期間[15)]

地方	地名	日平均気温4℃以下	M_{91}が840°D·D以下	適用時期
北海道地方	旭川	11.11〜4.10	10.11〜1.31	10.11〜4.10
	帯広	11.11〜4.10	10.21〜1.31	10.21〜4.10
	北見枝幸	11.1〜4.20	10.21〜2.10	10.21〜4.20
	紋別	11.11〜4.20	10.21〜2.10	10.21〜4.20
	岩見沢	11.11〜4.10	10.21〜1.31	10.21〜4.10
	雄武	11.1〜4.20	10.21〜2.10	10.21〜4.20
	倶知安・網走	11.11〜4.20	10.21〜1.31	10.21〜4.20
	小樽・札幌・苫小牧	11.11〜4.10	11.1〜1.20	11.1〜4.10
	留萌	11.11〜4.10	11.1〜1.31	11.1〜4.10
	稚内	11.11〜4.20	10.21〜1.31	10.21〜4.20
	羽幌・広尾	11.11〜4.10	11.1〜1.31	11.1〜4.10
	釧路	11.11〜4.20	10.21〜1.31	10.21〜4.20
	根室	11.21〜4.30	11.1〜1.31	11.1〜4.30
	寿都	11.21〜4.10	11.1〜1.10	11.11〜4.10
	函館	11.21〜3.31	11.11〜1.10	11.11〜3.31
	浦河	11.21〜4.10	11.11〜1.20	11.11〜4.10
	室蘭	11.21〜4.10	11.21〜1.10	11.21〜4.10
	江差	12.1〜3.31	−	12.1〜3.31
東北地方	青森・むつ	11.21〜3.31	−	11.21〜3.31
	八戸	12.1〜3.31	−	12.1〜3.31
	盛岡	11.21〜3.31	12.1〜12.20	11.21〜3.31
	新庄	11.21〜3.31	−	11.21〜3.31
	会津若松・山形	12.1〜3.20	−	12.1〜3.20
	深浦	12.1〜3.31	−	12.1〜3.31
	秋田・宮古・白河	12.1〜3.20	−	12.1〜3.20
	大船渡・酒田	12.11〜3.20	−	12.11〜3.20
	仙台	12.11〜3.10	−	12.11〜3.10
	石巻	12.11〜3.20	−	12.11〜3.20
	福島	12.11〜3.10	−	12.11〜3.10
関東地方	日光	11.11〜4.10	11.1〜1.31	11.1〜4.10
	河口湖	12.1〜3.20	−	12.1〜3.20
	秩父	12.11〜3.10	−	12.11〜3.10
	宇都宮	12.21〜2.28	−	12.21〜2.28
	館野・水戸	12.21〜2.20	−	12.21〜2.20
	前橋	1.1〜2.20	−	1.1〜2.20
	熊谷	1.11〜2.10	−	1.11〜2.10
中部地方	軽井沢	11.11〜4.10	11.1〜1.20	11.1〜4.10
	諏訪	12.1〜3.20	−	12.1〜3.20
	高山	11.21〜3.31	−	11.21〜3.31
	松本・長野	12.1〜3.20	−	12.1〜3.20
	飯田	12.1〜3.10	−	12.1〜3.10
	甲府	12.21〜2.10	−	12.21〜2.10
	新潟	12.21〜3.10	−	12.21〜3.10
	富山・伏木	12.21〜2.28	−	12.21〜2.28
	輪島	1.1〜3.10	−	1.1〜3.10
	四日市	1.11〜2.10	−	1.11〜2.10
	相川	1.11〜2.10	−	1.11〜2.20
	金沢	1.11〜2.20	−	1.11〜2.28
	福井	1.1〜2.28	−	1.1〜2.28
	名古屋	1.21〜1.31	−	1.21〜1.31
近畿地方	上野	12.21〜2.20	−	12.21〜2.20
	豊岡	12.21〜2.28	−	12.21〜2.28
	舞鶴・彦根	1.1〜2.20	−	1.1〜2.20
	奈良・姫路	1.11〜2.10	−	1.11〜2.10
中国地方	津山	12.11〜2.28	−	12.11〜2.28
	鳥取・松江	1.11〜2.10	−	1.11〜2.10
	米子・福山・山口	1.21〜2.10	−	1.21〜2.10
九州地方	阿蘇山	11.21〜3.20	12.1〜12.20	11.21〜3.20
	雲仙岳	12.11〜2.28	−	12.11〜2.28
	日田	1.11〜2.10	−	1.11〜2.10

 暑中コンクリート

ポイント1

53ページ
管理4

適用範囲

暑中に行う工事に施工されるコンクリート。
高温環境下で製造・施工されるコンクリートは、単位水量の増加、スランプロスの増大、コールドジョイントやひび割れの発生、長期強度の低下など、品質・施工上のトラブルが発生しやすいため、必要な対策を講じること。
暑中コンクリートの適用期間は特記によるが、特記のない場合には日平均気温平年値が25℃を超える期間とする。

ポイント2

19ページ
基本3
34ページ
参考1

調合・製造

①夏期調合による強度補正
若材齢で内部温度が上がるため、長期強度の低下を考慮し、構造体強度補正値$_{28}S_{91}$は特記によるものとし、特記のない場合は6N/mm²とする。

②AE減水剤、高性能AE減水剤の有効利用
遅延形のAE減水剤、高性能AE減水剤を有効利用して、運搬によるスランプロスをできるだけ減少させる。

③セメント・骨材・水の温度管理
セメント・骨材・水は低い温度のものを使用する。例えば、コンクリートを1℃下げるには、セメントは8℃、水は4℃、骨材は2℃下げる必要がある。セメントの温度を下げることの効果は、ほかの材料に比べると小さい。水は比熱が大きいため、使用量の割に効果がある。粗骨材への散水は蒸発潜熱により効果が大きいが、細骨材への散水は冷却効果が少なく、表面水の管理が難しくなる。

42ページ
計画1
計画2

運搬

①運搬時間と荷卸し時のコンクリート温度
運搬時間は、外気温25℃以上の場合に90分、待ち時間を考慮して60分程度とし、荷卸し時のコンクリート温度は原則として35℃以下とする。
35℃を超えると予想される場合（38℃を上限）は、コンクリートの品質変化の対策を立案し工事監理者の承認を受ける。

②生コン車の待機場所
日陰で待機させ、生コン車のドラム部に散水等を行う。

71ページ
管理3
管理4

養生

打込み後のコンクリートは、直射日光によるコンクリートの急激な温度上昇を防止し、また、水分の蒸発に対して十分な養生方法を検討する。湿潤養生の開始時期は、コンクリート上面ではブリーディング水が消失した時点、せき板の接する面では脱型直後とし、普通ポルトランドセメントを用いた場合の湿潤養生期間は5日間以上とする。

散水養生、シート養生、膜養生剤の塗布等を行う。

ポイント5

打設（打込み）管理

①打込み前に散水し、鉄筋・型枠の温度を下げる。
②打込みはできるだけ連続して行い、中断するときはポンプを少しずつ動かして配管内の閉塞を防ぐ。
③打重ね時間は90分以内とし、打重ね部は入念に締め固める。
④許容値以上のスランプロスの場合は、流動化剤を用いて対処する。ただし、あらかじめ試し練り等でコンクリートの品質を確認する。
⑤採取した供試体は、直射日光を避けて日陰に静置し、高温と乾燥の影響による強度低下を防ぐ。

参考 1

全国の年間25℃以上の月・日

日平均気温平年値が25℃を超える期間[16]

地方	地名	日平均気温平年値25℃超え
東北地方	秋田	8. 2~8.17
	会津若松	7.27~8.17
	酒田	7.27~8.21
	山形	7.28~8.14
	福島	7.26~8.20
関東地方	宇都宮	7.24~8.28
	前橋	7.17~9. 2
	熊谷	7.15~9. 5
	水戸	7.29~8.20
	秩父	7.25~8.20
	銚子	8. 4~8.28
	東京	7.10~9. 9
	横浜	7.16~9. 6
	勝浦	7.30~9. 2
中部地方	輪島	7.24~8.26
	相川	7.25~8.30
	新潟	7.20~9. 2
	金沢	7.16~9. 4
	富山	7.18~9. 1
	長野	7.26~8.20
	福井	7.14~9. 4
	敦賀	7.12~9. 6
	岐阜	7. 5~9.11
	名古屋	7. 5~9.11
	甲府	7.12~9. 5
	浜松	7.10~9.10
	静岡	7. 9~9.10
	三島	7.11~9. 8
	石廊崎	7.24~9. 5
近畿地方	上野	7.14~9. 1
	津	7. 6~9.10
	尾鷲	7.11~9. 6
	豊岡	7.13~9. 2
	京都	7. 3~9.10
	彦根	7.13~9. 6
	姫路	7. 7~9. 8
	神戸	7. 3~9.16
	大阪	6.30~9.15
	和歌山	7. 1~9.13
	潮岬	7.10~9.11
	奈良	7. 9~9. 4
中国地方	松江	7.15~9. 2
	境	7.13~9. 4
	米子	7.12~9. 3
	鳥取	7.11~9. 3
	萩	7.11~9. 3
	浜田	7.14~9. 2
	津山	7.18~8.29
	下関	7. 7~9.11
	広島	7. 3~9.12
	福山	7. 7~9. 8
	岡山	7. 1~9.12
四国地方	松山	7. 3~9.11
	高松	7. 1~9.11
	宇和島	7. 3~9.11
	高知	7. 3~9.13
	徳島	7. 4~9.13
	清水	7. 4~9.18
	室戸岬	7.17~9. 6
九州地方	平戸	7.16~9. 3
	福岡	7. 1~9.12
	飯塚	7. 6~9. 5
	佐世保	7. 5~9.12
	佐賀	7. 3~9.10
	日田	7. 3~9. 6
	大分	7. 5~9. 9
	長崎	7. 4~9.14
	熊本	6.30~9.15
	延岡	7. 5~9. 7
	人吉	7. 6~9. 4
	鹿児島	6.24~9.23
	都城	7. 2~9. 8
	宮崎	6.28~9.11
	名瀬	6.12~10.4
沖縄地方	那覇	6. 2~10.17

日平均気温平年値とは、例えば8月1日～15日までの15日間の平均気温を8月8日の値とするもの。

高流動コンクリート

ポイント1

適用範囲

多量の結合材や分離低減剤（増粘剤）を用いて、分離抵抗性を高めた上で、高い流動性を付与したコンクリート。通常のコンクリートと比べて、製造や施工・品質管理、特に材料・調合に大きな違いがあるため、事前の十分な計画が必要である。
高流動コンクリートは、非常に高い流動性と優れた施工性をもち、振動・締固めなしで型枠内に充填することができることから、コンクリート打込みの省力化が図れる。したがって、高密度配筋部や狭い空間・作業性が悪い場合など、振動・締固めが困難な場所への打込みや、鋼管内部などの振動・締固めが不可能な場所へのコンクリート充填に適している。

ポイント2

36ページ 計画1
38ページ 計画1

品質管理

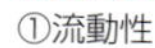

①流動性

フレッシュコンクリートの流動性はスランプフローで表し、その値は55cm以上65cm以下とする。

②スランプフロー試験

フレッシュコンクリートの材料分離抵抗性は、スランプフロー試験後のコンクリートの状態で評価し、広がったコンクリートの中央部に粗骨材が偏在せず、周辺部にはペーストや遊離した水が偏在していないこととする。

スランプフロー試験

③コンクリートのヤング係数

通常のコンクリートに比べて一般に細骨材率が大きく、単位粗骨材量が少ないコンクリートで、各種の粉体材料を使用することも多いのでヤング係数が低い値となる懸念がある。『高流動コンクリートの材料・調合・製造・施工指針（案）・同解説（1997年）』（日本建築学会）では、ヤング係数の値として標準養生した供試体の材齢28日における値で20kN/mm^{2}以上と規定されている。

④乾燥収縮

フレッシュ時の材料分離抵抗性を高めるために、調合において粉体量を多くしたり、分離低減剤を用いてモルタルの粘性を高めるほか、単位粗骨材量を小さくする傾向があるため、乾燥収縮が大きくなることが懸念される。『高流動コンクリートの材料・調合・製造・施工指針（案）・同解説（1997年）』では乾燥収縮についての規定を設けている。

⑤水和熱

材料分離抵抗性を確保するため、結合材量を多くする場合がある。これを比較的大きな部材に使用する場合には、水和熱によるひび割れの発生について検討する必要がある。

ポイント3

48ページ
計画1
計画2
計画3
49ページ
計画4
計画5
計画6
50ページ
計画1
計画2
計画3
60ページ
管理2
103ページ
ポイント3

施工管理

①フレッシュ性状のばらつき

高流動コンクリートは、通常のコンクリートと比較して敏感な調合であり、フレッシュ性状のばらつきが大きくなりやすいため、生コン工場での製造管理を厳しく行う必要がある。特に単位セメント量が450kg/m^{3}以下の場合には、単位水量の変動によるフレッシュ性状の変化が大きくなりやすい。単位水量変動の主な要因は細骨材の表面水のばらつきであるため、表面水の管理を徹底するように生コン工場に指導する。

分離した高流動コンクリート

②打設（打込み）計画

きわめて流動しやすいため、1箇所から連続して打ち込むと、自由流動距離が大きくなりすぎて材料の分離が生じたり、思わぬ方向にコンクリートが流れていくなどのトラブルが起きることがある。

高流動コンクリートの自由流動距離がおおむね20m以下となるように、吐出口を複数設けるなどのほか、打込み区画・打込み順序・打継ぎ位置などについて検討し、打込み計画を定める。

20m以内ごとに吐出口を設ける

高流動コンクリートの自由流動状況

③締固め

基本的に締固めは不要であるが、充填が困難な場合は補助的に振動機で締固めを行う。ただし、長時間締固めは材料分離の原因となるため、1箇所への締固め時間は2～5秒程度とする。

④型枠設計用のコンクリートの側圧

原則としてフレッシュコンクリートの単位容積質量による液圧が作用するものとして算定する。

側圧（kN/m^2）＝$W_0 \times H$

W_0：フレッシュコンクリートの単位容積質量（t/m^3）に重力加速度を乗じたもの（kN/m^3）

H：フレッシュコンクリートの打込み高さ（m）

⑤型枠・打止めからのコンクリートの流出防止対策

高流動コンクリートは流動性が高いため、モルタル分やセメントペーストが型枠のわずかなすき間からでも漏出する。これを止めることは困難なため、型枠の組立ては通常以上に注意深く緊密に行い、必要に応じて目止めなどを行う。

また工区境の打止めは、ラス型枠やクシによる簡易な方法では大量のノロ漏れが発生して止まりにくい。このため、エアフェンスやラスを二重にする等の対策をとるとともに、試し練り時に簡易な実験を行って確認するのが望ましい。

④ 高強度コンクリート

ポイント1

33ページ
計画3

適用範囲

設計基準強度が36N/mm²を超え、60N/mm²以下のコンクリートを対象とする。60N/mm²を超えるコンクリートは『高強度コンクリート施工指針・同解説(2013)』(日本建築学会)を参考とする。

ポイント2

大臣認定コンクリート

建築基準法第37条第二号により、JIS適合以外の生コンでは大臣認定を取得しなければならない。高強度コンクリートのJIS認証を取得している工場はまだ少なく、mSnも不明確であることから、原則として大臣認定コンクリートを使用する。
大臣認定の取得条件は厳守しなければならない。取得条件は生コン工場ごとに異なるため、複数工場を使用する場合には、各取得条件の違いに注意すること。

参考 1

セメントの種類

高強度コンクリートを柱や梁などの部材断面の大きい部材に打ち込むと、材齢初期に高温の履歴を受け、長期材齢における強度の増進が緩慢になる。また、自己収縮が大きくなる傾向も示し、このような観点から低発熱系セメントが多く利用される。

ポイント3

36ページ
計画1

品質管理

コンクリートのワーカビリティーは、荷卸し地点のスランプまたはスランプフローで規定(充填性に優れ、材料分離傾向の小さいもの)。

高強度コンクリートのワーカビリティーの規定

設計基準強度(Fc)	スランプ	スランプフロー
36N/mm²<Fc<45N/mm²	21cm以下または50cm以下	
45N/mm²≦Fc≦60N/mm²	23cm以下または60cm以下	

参考 2

技術者の常駐

高強度コンクリートの製造、施工、品質管理には、高度な技術力と経験を必要とするため、技術者*がレディーミクストコンクリート工場だけでなく、施工現場にも常駐しなければならない。

*技術者:コンクリート技士、コンクリート主任技士、一級建築士、一級施工管理技士、二級施工管理技士などをいう。

ポイント4

19ページ
基本3

混和剤

高強度コンクリートは、水セメント比が低いため、減水率の高い化学混和剤(高性能AE減水剤)を使用することが必須の条件となる。高性能AE減水剤は、少量でフレッシュ性状が著しく変化するため、その使用量は、混和剤メーカーのデータや試験練りの結果に基づいて判断する。

ポイント5

34ページ 計画1 参考1
35ページ 計画2

調合強度

調合強度は、下の2式のうち大きいほうを採用する。σはレディーミクストコンクリート工場の高強度コンクリートの実績値を用いるが、実績がない場合は、0.1 ($Fc+mSn$) を採用し、十分なデータの蓄積が得られた段階で実績値を採用する。

$Fm \geqq Fc+mSn+1.73\sigma$ (N/mm²)

$Fm \geqq 0.85(Fc+mSn)+3\sigma$ (N/mm²)

Fm：	構造体コンクリートの強度管理材齢n日とし、調合を定める場合の基準とする材齢m日とした場合の調合強度 (N/mm²)。ただし、材齢m・n日は、$28 \leqq m \leqq n \leqq 91$とする。
Fc：	コンクリートの設計基準強度 (N/mm²)
mSn：	標準養生した供試体の材齢m日における圧縮強度と、構造体コンクリートの圧縮強度の材齢n日における圧縮強度との差による補正値 (N/mm²)。ただし、mSnは0以上の値とする。
σ：	構造体コンクリート強度管理用供試体の圧縮強度の標準偏差。実績がないとき以下に準じる。{0.1 ($Fc+mSn$)} (N/mm²)

ポイント6

69ページ 参考1

特徴

①粘性：高強度コンクリートは、水セメント比が小さいために粘性が高い。

②材料分離抵抗性：高粘性であるために、材料分離抵抗性は高い。ただし、Fc=39〜42N/mm²程度では、この材料分離抵抗性はやや低下する。

③ブリーディング：一般的に水セメント比が35％以下の調合では、ほとんどブリーディングは発生しない。

④ワーカビリティー：スランプ・スランプフローが大きくても、高粘性のため、流動速度が遅くトンボやスコップによる移動・均しがかなり困難。

⑤こて押え：高粘性のために、こて離れが悪い。また、ブリーディングがほとんど発生しないこと、凝結が遅くなる傾向にあることなどのため、金ごてによる「一発押え」はほとんどの場合不可能。

⑥湿潤養生期間の級：普通コンクリートに比べ必要期間は短くなる。低発熱系セメントは普通セメントよりも必要期間が長くなる。

⑦せき板の存置期間：高性能AE減水剤の凝結時間遅延等により、コンクリートの圧縮強度が10N/mm²以上の確認が必要である。

ポイント7

57ページ 管理3

強度試験供試体の採取

構造体コンクリートの圧縮強度の検査は、打込み日、打込み工区かつ300m³ごとに行う。

検査には、適当な間隔をあけた任意の3台の運搬車から採取した合計9個の供試体を用いる。この9個で1検査ロットを構成する。

5 マスコンクリート

適用範囲

マスコンクリートは、部材断面の最小寸法が大きく、かつセメントの水和熱による温度上昇で有害なひび割れが入るおそれがある部分のコンクリートのこと。最小断面寸法が壁状部材で80cm以上、マット状柱状部材で100cm以上の場合、マスコンクリートとしての検討を実施することが望ましい。

ポイント 2

コンクリート内部温度の予測

温度履歴解析を行い、以下の①〜③のどれかに該当する場合はマスコンクリートとして扱い、対策を行う。

①内部最高温度が60℃を超える。

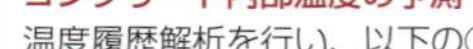

現象として、長期強度が低下する。

②内外温度差が25℃を超える。

現象として、内部拘束応力によるひび割れが発生する。

③最高温度との差が25℃を超える。

現象として、外部拘束応力によるひび割れが発生する。

参考 1

シュミット法によるコンクリート温度の解析例

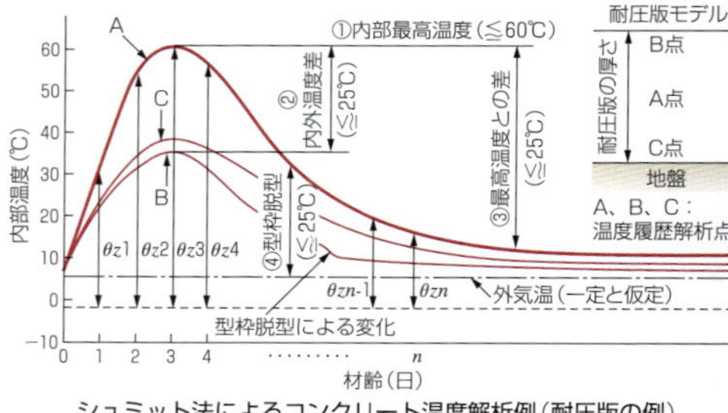

シュミット法によるコンクリート温度解析例（耐圧版の例）

マスコンクリート対策

①セメント種類の変更（水和熱による温度上昇を低減）
　中庸熱・低発熱系セメント使用のコンクリートを検討する。
②温度収縮の小さなコンクリートへの変更
　石灰石粗骨材の採用、マスコン用膨張材の適用を検討する。
③分割打込み（温度上昇の低減）
　部材の種類、大きさ、周囲からの拘束条件などに応じて、打込み部分をブロック分けして分割打込みを行う。
④表面部の保温養生（内部拘束応力によるひび割れの制御）
　温度上昇期間は表面が急激に冷却されないように、温度下降期間は温度下降が緩やかになるように、断熱マット等で保温養生する。
⑤誘発目地の配置（外部拘束応力によるひび割れを制御）

 温度ひび割れを制御する設計検討フロー(例)

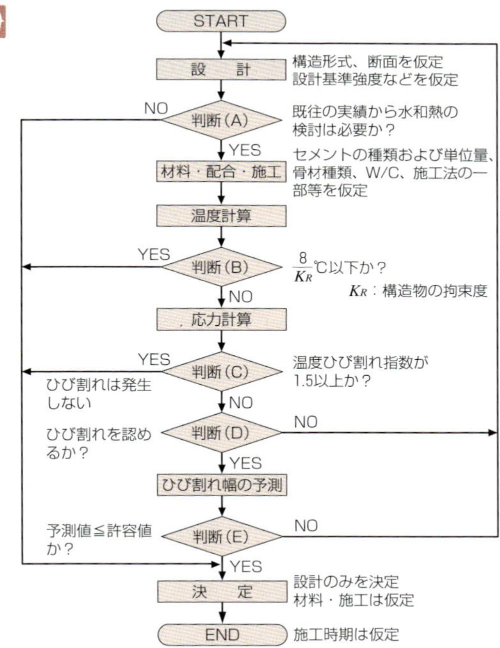

設計時における温度ひび割れの制御フロー(例)[17]

 施工計画上の注意点

①調合

単位セメント量ができる限り少なくなるように調合を定める。スランプは15cm以下、高性能AE減水剤または流動化剤を用いる場合は18cm以下。ひび割れの対策が困難な場合は、対象部材の予想平均養生温度による構造体強度補正値$mSMn$を用いて調合管理強度の低減を行う。

②施工管理

荷卸し時のコンクリート温度は35℃以下とする。せき板の存置やシート、マットなどによる表面部の保温養生のほか、必要に応じて散水養生による湿潤養生を行う。

③品質管理

打込み後のコンクリートの温度の確認は必要に応じて行う。構造体補正強度を部材温度とした場合には、打込み後のコンクリート表面・内部温度および外気温を計測して計画温度との比較を行う。

⑥ 水中コンクリート

ポイント1

適用範囲

水中または安定液中に打ち込む場所打ち鉄筋コンクリート杭、または、鉄筋コンクリート地中壁の工事に適用する。

ポイント2

40ページ 計画1

調合

調合は、施工の条件（掘削孔の大きさや深さ、掘削に使用した安定液の種類・濃度など）に応じて、適切なワーカビリティーが得られるように、①〜⑤を考慮し決定する。

①構造体強度補正値（mSn）

地中の温度は、一部の寒冷地を除いて季節に関係なくほぼ一定で、コンクリート自身の発熱等によりコンクリート温度は15℃以上確保できるため、一般的に3N/mm^{2}とする。ただし、評定取得をしている杭工法に関しては、その評定取得条件の強度補正値としてもよい。

②スランプ（杭工事では杭1本ごとにスランプ試験を行う）

調合管理強度33N/mm^{2}未満：21cm以下、
調合管理強度33N/mm^{2}以上：23cm以下（材料分離を起こさない範囲）。

③水セメント比の最大値

場所打ち杭では60%、地中壁では55%とする。

④単位セメント量の最小値

場所打ちコンクリート杭では330kg/m^3、地中壁では360kg/m^3。水中コンクリートでは、水や安定液と完全に置き換えるためには粘性を高くし、材料分離を少なくする必要があること、また水や安定液が混入して圧縮強度が低下すること等を考慮して、水セメント比の最大値・単位セメント量の最小値を設定する。

⑤単位水量の最大値

単位水量の最大値は200kg/m^3。
水中コンクリートでは充填性を優先させることが大切である。また、乾燥収縮が大きくなるような外的要因が少なく、コンクリートの中性化の傾向も少ないことから、単位水量の最大値を200kg/m^{3}とする。

水中コンクリートは、竣工後多くは湿潤状態にあるため、乾燥収縮率の規定は適用しない。

ポイント3

品質管理検査

①性状：ワーカビリティーおよびフレッシュコンクリートの性状は、目視によって全車確認する。

②スランプ試験：スランプが低下したコンクリートはトレミー管を詰まらせ、大きすぎるコンクリートは分離するため、杭1本ごとに必ず　スランプ試験を行う。

③構造体コンクリート：供試体の養生は標準水中養生とし、判定は調合管理強度以上とする。

ポイント4 スライム処理

杭などの掘削孔の底部には、取り残した土砂や浮遊粘土などが沈積したスライム（孔底沈殿物）があることが多い。このため、コンクリートの打込みに先立ち、あらかじめこのスライムを取り除く必要がある。

スライム処理は、一次処理と二次処理に大別され、その処理方法および処理フローは、工法・施工規模・施工地盤により異なるため、スライムの沈降などに関する調査を行い、適正な処理を行う。

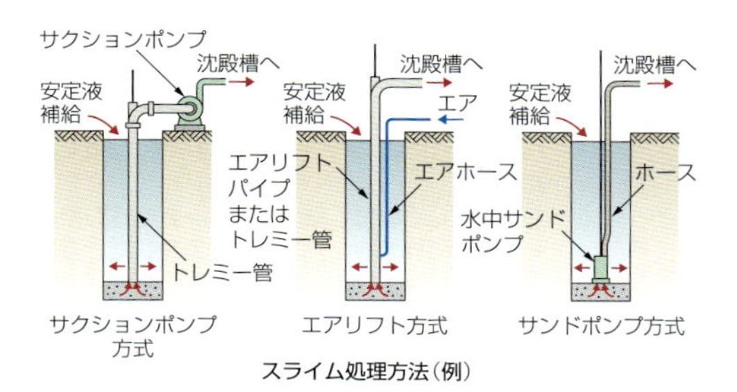

スライム処理方法（例）

ポイント5 トレミー管の挿入

トレミー管の先端は、コンクリート打込み中、コンクリート中に原則として2m以上入れておく。

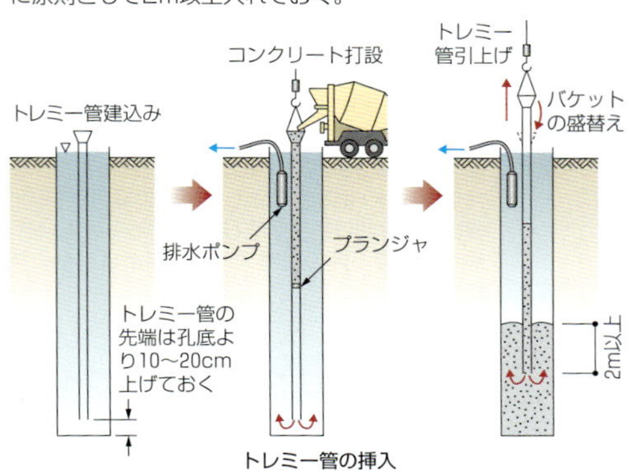

トレミー管の挿入

ポイント6 コンクリート材料分離抵抗性の確認

住宅性能評価の範囲に場所打ち鉄筋コンクリート杭が含まれる場合には、以下の基準により材料分離抵抗性の確認が必要となる（以下のスランプ仕様を超える場合）。

調合管理強度33N/mm^{2}未満：18cm以下

調合管理強度33N/mm^{2}以上：21cm以下

7 乾燥収縮によるひび割れの防止対策

ポイント1

2009

114ページ 3.8

ひび割れ防止対策の基本事項

①可能な限り乾燥収縮が小さくなる材料の選定と調合を計画。
②計画的な目地配置によりひび割れを誘発・集中させる。
③目地以外に発生するひび割れは補強筋による分散を図る。
④打込み後の急激な乾燥等の悪影響に対し適切な養生を行う。

コンクリートの許容ひび割れ幅は、原則として0.3mmとする。

ポイント2

16ページ 基本1
17ページ Q & A
19ページ 基本3
36ページ 計画2

材料および調合計画

①単位水量

一般的な単位水量の制限は185kg/m³であるが、特に、ひび割れ対策を要求された場合やひび割れ誘発目地が設けられない場合には、170～175kg/m³以下を目標に計画する。

②混和剤

①で決定した単位水量に対して、打ち込む断面形状、深さ、配筋密集の程度等、施工条件を考慮して、適切なワーカビリティーが得られない場合には、高性能AE減水剤または現場添加の流動化剤の採用を検討する必要がある。

流動化剤を現場添加する場合には、高速かくはんによる騒音が発生するため、近隣条件によっては採用できない場合がある。

③セメント

高炉セメントの乾燥収縮量は、普通セメント等に比べて一般的に大きく、スラグの品質、粉末度等によっても異なるため、使用する部位に注意する。

事前にコンクリートの乾燥収縮率を確認しておくことが望ましい。

ポイント3

非耐力壁（妻壁等）

①壁厚150mm以上、ダブル配筋、壁筋比0.4%以上とする。
②壁の両面に3m程度以内ごとに誘発目地を設ける。
③目地深さは下図を標準とし、断面欠損率20%以上を確保。
④開口部には開口補強配筋（壁筋比0.6%以上）を行う。
⑤最上階、最下階の端部スパンの斜めひび割れ防止の補強配筋を行う。

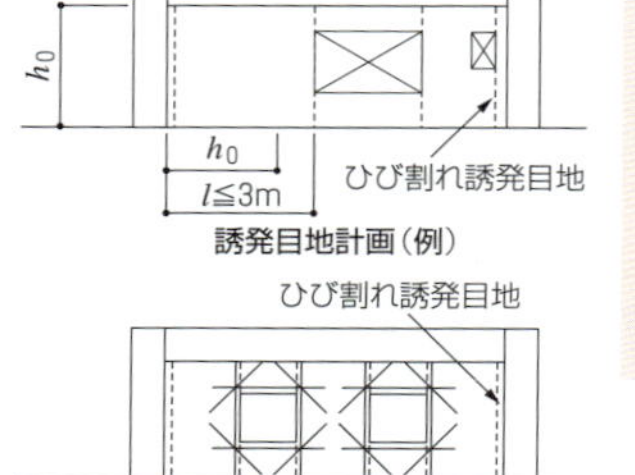

誘発目地計画（例）

開口補強筋（例）

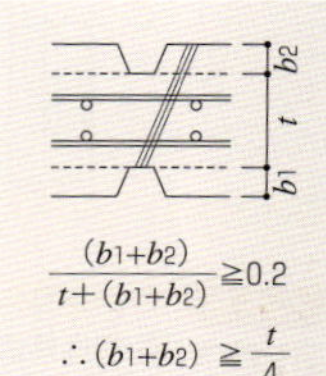

$$\frac{(b_1+b_2)}{t+(b_1+b_2)} \geq 0.2$$

$$\therefore (b_1+b_2) \geq \frac{t}{4}$$

目地深さの算定方法

ポイント4

耐震壁

①壁の両面に誘発目地を設け、開口部は開口補強配筋を行う。
②目地深さ分は両面ともふかし、壁筋のかぶりを確保する。
③壁厚が大きく、断面欠損率を20%以上確保できない場合は、鋼材等を目地位置の内部に設置して欠損率を確保する。

なお、この対策については構造設計者、工事監理者と協議して承認を得る必要がある。

ポイント5

住居の戸境壁

①ひび割れ防止のために誘発目地を設ける場合は、構造・遮音性能を損なわない納まりを計画し、工事監理者の承認を得る。
②屋根スラブと接続する最上階の戸境壁では、以下のように補強配筋を行う。

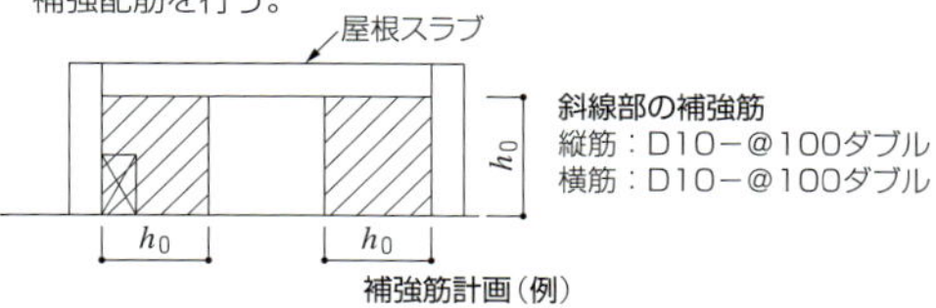

補強筋計画（例）

ポイント6

地下壁

地下壁は壁厚が大きく、特に山留め壁を外型枠とする場合は、誘発目地による所定の断面欠損率の確保が困難なことが多い。フラットバー等の鋼材、太径鉄筋、モルタル充填塩ビパイプ等を使用断面中央に入れて断面欠損させ、水位が高い場所では、目地部の止水材を併用した目地の設置を検討する。

ポイント7

ベランダ、外廊下等の片持ちスラブ

誘発目地間隔は3m程度以内を基準とし、以下の条件を考慮して配置する。

①片持ちスラブの出寸法とスラブ厚等の断面が変わる位置。
②手すりスリット位置、高さ変更位置。また原則手すり壁の目地位置と合わせる。

ポイント8

パラペット等の立上り部

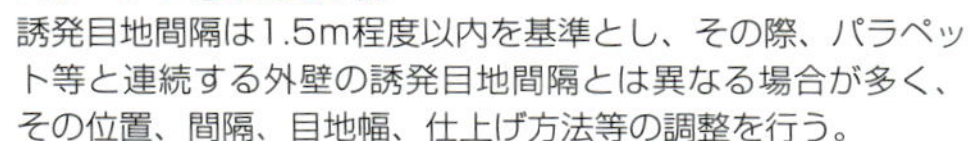

誘発目地間隔は1.5m程度以内を基準とし、その際、パラペット等と連続する外壁の誘発目地間隔とは異なる場合が多く、その位置、間隔、目地幅、仕上げ方法等の調整を行う。

ポイント9

デッキスラブ・土間スラブ

デッキスラブおよび土間スラブで目地が設けられない場合は、コンクリート調合の対策（石灰石粗骨材、膨張材の使用、単位水量低減）と補強筋対策（柱回り、デッキスラブはプラス梁上）を計画する。土間スラブの誘発目地（カッター目地）は4～6m間隔とし、床仕上げがある場合は、仕上げ目地位置に合わせる、または十分な乾燥期間後、目地を充填材で埋めるなど、仕上材への影響を考慮して計画する。

8 鉄筋工事

ポイント1

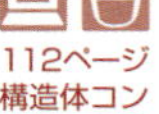

112ページ
構造体コンクリートのかぶり厚さの検査

2009

116ページ
3.11

鉄筋の組立て

①鉄筋のかぶり厚さ

最小かぶり厚さ[18]　(mm)

部材の種類		短期*1	標準・長期		超長期	
		屋内・屋外	屋内	屋外*2	屋内	屋外*2
構造部材	柱・梁・耐力壁	30	30	40	30	40
構造部材	床スラブ・屋根スラブ	20	20	30	30	40
非構造部材	構造部材と同等の耐久性を要求する部材	20	20	30	30	40
非構造部材	計画供用期間中に維持保全を行う部材	20	20	30	(20)	(30)
直接土に接する柱・梁・壁・床および布基礎の立上り部		40				
基 礎		60				

＊1）建築基準法施行令に規定されたかぶり厚さは、計画供用期間の級が短期の場合と同じである。
　2）計画供用期間の級が標準、長期および超長期で、耐久性上有効な仕上げを施す場合は、屋外側では、最小かぶり厚さを10mm減じることができる。

設計かぶり厚さは、上表の値＋10mm。

②鉄筋サポート・スペーサの種類と取付け位置

鉄筋サポート・スペーサ等の種類および数量・配置の標準[19]

部位	スラブ	梁	柱
種類	鋼製·コンクリート製	鋼製·コンクリート製	鋼製·コンクリート製
数量または配置	上端筋、下端筋それぞれ1.3個/m^{2}程度	間隔は1.5m程度 端部は1.5m以内	上段は梁下より0.5m程度 中段は柱脚と上段の中間 柱幅方向は1.0mまで2個 1.0m以上3個
備考	端部上端筋および中央部下端筋には必ず設置	側梁以外の梁は上または下に設置、側梁は側面にも設置	同一平面に点対称となるように設置

部位	基礎	基礎梁	壁・地下外壁
種類	鋼製·コンクリート製	鋼製·コンクリート製	鋼製·コンクリート製
数量または配置	面積 4m^{2}程度　8個 16m^{2}程度　20個	間隔は1.5m程度 端部は1.5m以内	上段梁下より0.5m程度 中段上段より1.5m間隔程度 横間隔は1.5m程度 端部は1.5m以内
備考		上または下と側面に設置	

1）表の数量または配置は5～6階程度までのRC造を対象としている。
2）梁・柱・基礎梁・壁および地下外壁のスペーサは、側面に限りプラスチック製でもよい。側面以外の箇所では、剛性、強度、安全性、耐久性などを確認して用いる。
3）断熱材打込み時のスペーサは、支持重量に対してめり込まない程度の設置面積を持ったものとする。

③鉄筋の組立てに当たり、以下の項目について確認する。
鉄筋径、本数、ピッチ、鉄筋相互のあき、開口部およびスリーブの補強確認、柱筋のX－Y方向、X－Y方向、梁筋の上下関係、鉄筋の継手位置、重ね継手長さ、定着長さ 等
④アンカーボルト、太径鉄筋を使用している柱梁仕口部等は、事前に納まりを検討する。

ポイント2

配筋検査計画

鉄筋工事完了後およびコンクリート打込み前の配筋検査としては、以下の種類がある。検査日、是正期間を含めたスケジュールを事前に調整し計画する。
①専門工事業者の自主検査、施工管理者の自主検査
②工事監理者の検査
③特定行政庁、住宅性能評価確認検査機関ほか官公庁の検査
なお、柱・壁などは、配筋後すぐに型枠工事に入るため、配筋完了箇所から順次検査して記録写真を撮る。写真は、鉄筋にマグネットを使用して撮影するとわかりやすい。

ポイント3

継手の検査

①ガス圧接継手の検査には、作業直後に行う外観検査（全数）と、抜取検査として破壊検査の引張り試験、非破壊検査の超音波探傷検査があり、設計図書の仕様書に従って実施する。
②機械式継手（ねじ節鉄筋継手、モルタル充填継手等）、溶接継手の検査は、性能評価を取得した際の検査要領に従う。

ポイント4

52ページ 管理2
53ページ 管理3

打込み前の注意事項

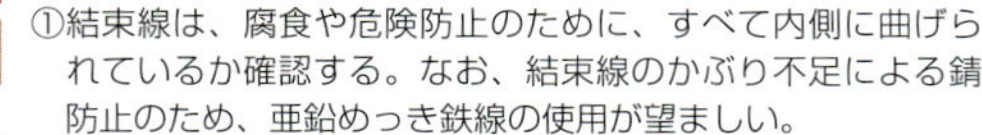

①結束線は、腐食や危険防止のために、すべて内側に曲げられているか確認する。なお、結束線のかぶり不足による錆防止のため、亜鉛めっき鉄線の使用が望ましい。
②スラブ鉄筋上の歩行による配筋の乱れ防止のため、足場板、メッシュロード等で養生し、通路としての使用を徹底させる。
③コンクリートポンプ圧送用配管やホース下も、打込み作業による乱れ防止のため、馬、タイヤ、舟等を使って養生する。
④配筋後の型枠建込み、電気設備関係における配管やボックス類の取付け等によるスペーサの脱落、鉄筋の乱れ等についても注意する。

ポイント5

打込み後の注意事項

①鉄筋に付着したコンクリートは、確実に清掃する。汚れやすい柱筋等は、打込み前から汚れ防止養生が望ましい。
②鉄筋の位置不良に対してやむを得ず台直しが必要な場合は、必要範囲の下部をはつり取り、1/6以下の緩やかな勾配で正規の位置に戻す。

ポイント6

鉄筋工事の合理化計画

柱筋、梁筋等を地組みして、クレーンで建て込む鉄筋地組工法、機械式継手、機械式定着工法等を検討する。

9 型枠の種類・設計

ポイント 1

型枠の構成

①せき板

コンクリートに直接接して所定の位置に納めるための材料。合板が一般的であるが、製材、金属、プラスチックなどがある。使用するせき板によって、着色、硬化不良、繊維付着などが発生することがある。また、木材は光照射によりコンクリート表面の硬化不良の原因となるため、できるだけ直射日光にさらさない。

②支保工(支柱)

せき板を所定の位置に保持するために用いるもの。一般的には根太、大引き、支柱で構成されるが、枠組支保工、システム型枠など各種の工法がある。

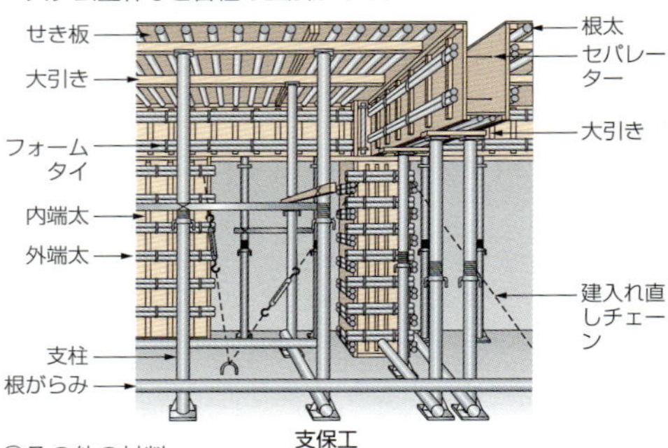

支保工

③その他の材料

せき板と桟木やパイプなどの端太材を締め付けて固定する「フォームタイ」などが使用される。また、せき板には脱型、清掃を容易にするために剥離剤を塗布する。

ポイント 2

一般的な型枠の計算手順

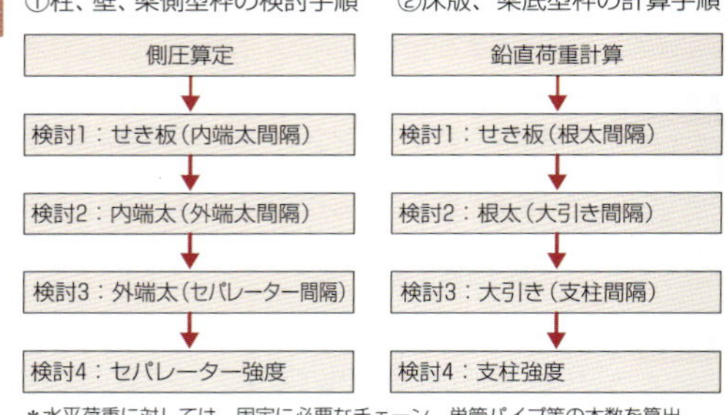

＊水平荷重に対しては、固定に必要なチェーン、単管パイプ等の本数を算出。

ポイント3 型枠の設計

①コンクリート施工時の鉛直荷重

鉛直荷重の種類[20]

荷重の種類		荷重の値	備　考
固定荷重	普通コンクリート	$24kN/m^3 \times d$	d：部材厚さ(m)
	型枠重量	$0.4kN/m^2$	
積載荷重	通常のポンプ工法	$1.5kN/m^2$	作業荷重＋衝撃荷重

②コンクリート施工時の水平荷重

枠組支柱では鉛直荷重の2.5%、それ以外の一般の支柱等は鉛直荷重の5%が推奨値とされている。

地震、風荷重は通常考慮しないが、強風にさらされる場合は、(一社)仮設工業会の『改訂 風荷重に対する足場の安全技術指針』に準じて検討する。

③型枠設計用のコンクリートの側圧

型枠設計用コンクリートの側圧(kN/m^2)[21]

打込み速さ(m/h)	10以下の場合		10を超え20以下の場合		20を超える場合
H(m) ／ 部位	1.5以下	1.5を超え4.0以下	2.0以下	2.0を超え4.0以下	4.0以下
柱	$W_0 H$	$1.5W_0+0.6W_0 \times (H-1.5)$	$W_0 H$	$2.0W_0+0.8W_0 \times (H-2.0)$	$W_0 H$
壁		$1.5W_0+0.2W_0 \times (H-1.5)$		$2.0W_0+0.4W_0 \times (H-2.0)$	

H：フレッシュコンクリートのヘッド(m)(側圧を求める位置から上のコンクリートの打込み高さ)

W_0：フレッシュコンクリートの単位容積質量(t/m^3)に重力加速度を乗じたもの(kN/m^3)

ポイント4 材料の許容応力度

①支保工は、安衛則第241条に定められた値とする。

②支保工以外の材料は、長期許容応力度と短期許容応力度の平均値とする。

ポイント5 型枠の除去・転用

73ページ 管理6

支保工の除去・転用は、その上階のコンクリートの打込み荷重を考慮して、その下の階の支柱も残す2層受け(場合によっては3層受け)として計画するのがよい。

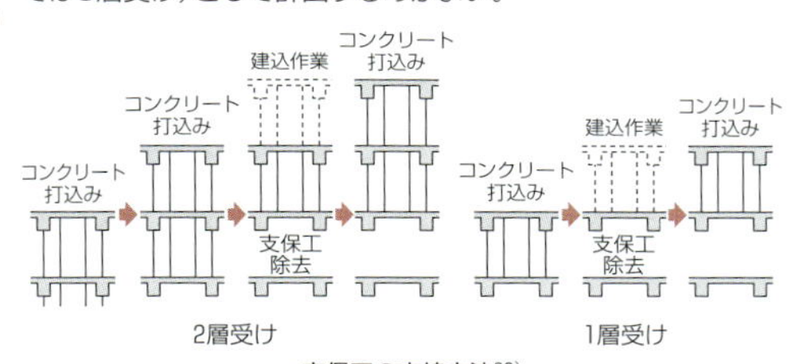

支保工の支持方法[22]

⑩ 型枠工事の計画・施工

ポイント 1

50ページ 計画3
51ページ 計画4

型枠計画

①型枠組立て図を作成し、支柱の高さが3.5m以上の場合は労働基準監督署に設置届を提出する。また、型枠の構造計算書の内容、条件を確認する。

②支保工下部は根がらみ、敷板に釘止め等の滑動防止方法を計画する。

③型枠下部の敷桟、ノロ止め方法、パネルジョイント部ノロ漏れ防止処置を確認する。ガムテープでの目張り、特に出隅のピン角部分に注意する。

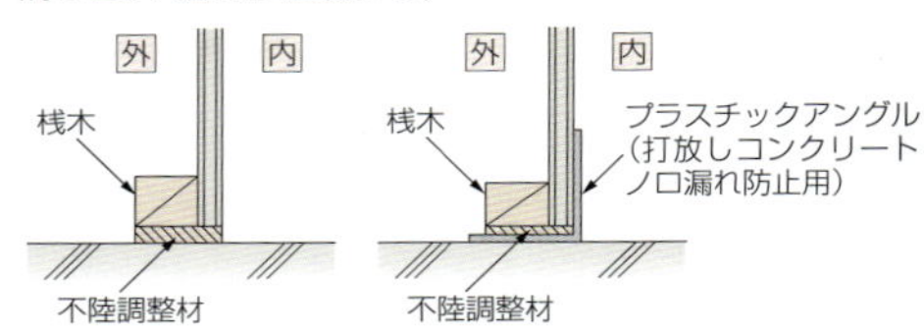

柱、壁の下部組立て例

④工区分けの垂直打継ぎ型枠は、セメントペーストの漏出を防止できる材料とし、その形状および打ち込む場合の材質が構造性能を確保できるものを使用する。

⑤柱下部の掃除口および工区分割の場合の垂直打継ぎ部でのノロ漏れ等を処理するため、梁側・壁下部の掃除口等を型枠計画に盛り込む。写真①は、工区境の打継ぎ型枠にメタルラス型枠を使用し、梁底に掃除口を設けた例。

打継ぎ型枠と梁底掃除口

⑥サッシ立上り壁のコンクリート充填確認用として、天端中央に開口を設ける。

⑦型枠解体時に、コンクリート表面を損傷させずに型枠を取り外すことができる計画になっていることを確認する。また、手すり型枠は天端がこて押えできる形状とする。

ポイント 2

せき板の注意事項

①型枠表面のケレンや清掃を確実に実施する。

②表面の破損、ささくれ等の有無を確認し、必要に応じて剥離材を塗布する。

③剥離剤の種類によってはコンクリートや仕上げに悪影響を与える場合があるため、製造メーカーの品質保証内容を確認する。

④せき板に合板以外の木材を使用する場合は、コンクリート表面の硬化不良等の悪影響を起こさない材料であることを確認する。

ポイント3

型枠の組立て

①基本墨、小墨(レベル、寄りのポイント)を確認する。
②柱型枠(2方向)、外壁型枠(1スパン2箇所)の建込み精度を確認する。
③開口部位置・高さを確認する。
一般9mm以内、打放し3mm以内
④誘発目地・打継ぎ目地・構造スリットの位置・通り・固定状況を確認する。
⑤クーラースリーブ・ルーフドレン・避難ハッチ等の躯体打込み位置、高さを確認する。
⑥型枠締付け金物の緩みはないか、あるいは締めすぎにより目違いを起こしていないか確認する。
⑦セパレーターのかぶり不足が発生していないか確認する。
⑧柱・壁型枠の返しにあたっては、足元の清掃を確認する。
⑨スラブ配筋後におがくず・釘等のごみが発生するような型枠加工作業がある場合は、シート等で養生して加工する。
⑩バルコニー、外廊下の手すり壁の型枠は糸を張り、通り・レベルを確認する。
⑪パイプサポートや締付け金物の緩みはないか確認する。
開口部下、梁下は特に確認する。
⑫コンクリート打込み前の清掃状況を確認する。
スラブ上・下および梁底を掃除機等で清掃する。
⑬打込み中に型枠変形による目違いが生じていないことを確認し、目違いを発見したら木槌で丁寧に叩いて直す。

ポイント4

型枠の脱型

①排水溝部分、目地、サッシ抱き部分は型枠脱型時に欠けやすいため、脱型時期・方法を検討する。

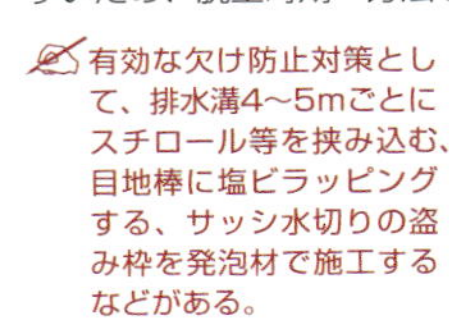
有効な欠け防止対策として、排水溝4~5mごとにスチロール等を挟み込む、目地棒に塩ビラッピングする、サッシ水切りの盗み枠を発泡材で施工するなどがある。

溝型枠解体の工夫例

②床上での支保工除去時に、資材の転倒・落下によるスラブ表面の欠け防止に注意する。
③型枠脱型にあたっては、必要なせき板、支保工の存置期間を確認する。

ポイント5

73ページ
管理5
管理6

型枠の存置期間

基礎、梁側、柱壁のせき板の存置期間は所定のコンクリートの圧縮強度に達したことが確認されるまで、支保工の存置期間は設計基準強度の100%以上のコンクリートの圧縮強度が得られたことが確認されるまでとする。

⑪ コンクリート受入れ検査手順

ポイント 1

試料：生コン車から採取したコンクリート。

運搬されたコンクリートを、生コン車のコンクリート流より3箇所以上から採取する。

水密性の平板の上にスランプコーンを水平に置き、試料を均等に3層に分けて詰める。

コンクリートを詰め始めてから詰め終わるまでの時間は3分以内とする。

スランプコーンに詰めたコンクリートを、1層につき25回ずつ、均等に突き棒で突く。

コンクリートを詰め終わったらコンクリート上面を均して、平板上を清掃する。

写真⑥判定基準：56ページ「管理2」

直ちにスランプコーンを引き上げる。引き上げる時間は、高さ30cmで2～3秒とする。

スランプを測定する。コンクリートの中央部の下がりを0.5cm単位で測定しスランプとする。

写真⑧判定基準：56ページ「管理2」

スランプフロー値およびコンクリート温度を測定する。

コンクリート中の塩化物量を測定する。塩化物イオン(Cl^-)量として0.30kg/m^3以下とする。

＊コンクリートの受入れ検査は、106～107ページに掲載した手順（写真①～⑯）で進行する。56～57ページ「コンクリート受入れ検査」参照

写真⑨～⑪の工程を3回繰り返す。

空気量測定器（エアメーター）に、採取したコンクリートを1層当たり1/3ずつ詰める。

コンクリートを均した後、容器の底を突かないように、各層を突き棒で25回ずつ突く。

写真⑫判定基準：56ページ「管理2」

コンクリートの表面に大きな泡がなくなるよう、容器の側面を10～15回木槌で叩く。

容器にふたをし、空気が漏れないように締め付けて、空気量を測定する。

供試体は、直径の2倍の高さの円柱形で、その直径は粗骨材の最大寸法の3倍以上、かつ10cm以上。

コンクリート供試体用鋼製型枠に、採取したコンクリートを1層当たり1/2ずつ詰める。

コンクリートを均した後、型枠の底を突かないように、各層突き棒で8回ずつ突く。

⑭～⑮の工程を2回繰り返す

コンクリートの表面に大きな泡がなくなるように、型枠の側面を10～15回木槌で叩く。

上面を平滑にする。終了後、上面からの乾燥を防ぐためにビニール等で養生する。

⑫ 打放しコンクリート／施工計画

ポイント 1

事前確認

打放し仕上げの場合は以下の項目を事前に確認し、施工計画を立てる。

①意匠設計者に打放しコンクリートの要求仕様を確認し、デザイン意図に適合した型枠を選定する。

②外壁保護材の種類とその塗替え周期を、施主・工事監理者に確認する。

外壁保護材の種類と塗替え周期

外壁保護材	塗替えの目安
撥水材	3～ 5年
アクリル系塗料	5～ 8年
ウレタン系塗料	5～10年
シリコン系塗料	10～15年
フッ素系塗料	10～20年

ポイント 2

24ページ 設計図書

設計図書・特記仕様書の確認

①打放しの部位と範囲

②コンクリート表面の仕上がり（平滑・小叩き等）

③表面保護材・塗装の種類

④コンクリートの種類・調合

充填性が確保できる範囲で単位水量を小さくする。
色違い防止のために、生コン工場を1社に限定する。

ポイント 3

施工計画書

①管理体制

②工程計画

③コンクリート打込み計画

④型枠計画

⑤打継ぎ計画

⑥打込み後の表面の汚れを防止するための養生計画

⑦打放し化粧仕上げ面の補修方法

ポイント 4

27ページ 計画3

施工図

①コンクリート躯体図

②仕上げ納まり基本図

③打継ぎ部詳細図

④型枠パネル・目地・Pコン割付図

サイン類・コンセント・スイッチ・排煙操作ボックス・空調吹出し口等など取り付くものすべてを、「型枠パネル・目地・Pコン割付図」に記入し、納まりを確認する。

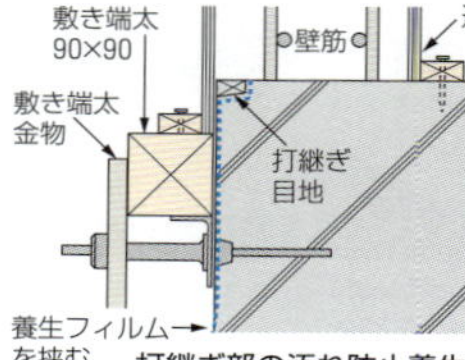

打継ぎ部の汚れ防止養生

打込み後の養生

⑬ 打放しコンクリート／配筋・型枠計画（1）

ポイント1

101ページ
ポイント4

配筋計画

①外部で最小20mm、内部で最小10mmの増し打ちを行い、かぶりを十分に確保する。
②柱主筋とPコン（セパレーター）位置を事前に確認する。両者が当たる場合は、構造設計者・工事監理者と協議する。
③スペーサは、コンクリート打込みに支障がないように配置する。
④スラブ裏面が現しとなる場合、ピッチ割付の印が躯体に残ることがあるため、油性ペンの使用は避けるようにする。

ポイント2

型枠計画－人工・工期・コスト

①コンクリートの表情を決める型枠には、設計意図に適した型枠材料と精度が要求される。また、充填ミスは許されないため、綿密な打設計画と打込み手間を要する。
②一般のコンクリートに比べ、打放しコンクリートには多くの人工・工期・コストが必要となる。

ポイント3

型枠計画－合板の選定

①設計意図と耐久性に適合した合板を選定する。
②型枠の寸法精度を確保するため、厚さ12mm、15mm、18mmのものを用いる。
③型枠の保管場所を確保する。保管場所は、風雨・直射日光が直接影響しない場所が望ましい。樹脂製合板型枠は、紫外線による材質の変化や、熱膨張による仕上がり面の波打ちが発生するため、特に注意する。

ポイント4

型枠計画－目地棒

①木製の目地棒は、灰汁（あく）が出てコンクリート表面を変色させることがある。木製のものを使用する場合は、試験施工で確認する。
②目地棒は、できる限り塩化ビニール製、発泡ポリスチレン製、ゴム製のものを用いる。
③コンクリート打込みにともなう目地棒の移動を防止するため、細釘でピッチを細かくして目地棒を固定する。
④水平打継ぎ面からのノロ垂れを防止するため、上階の型枠工事において床面の水平打継ぎ目地を取り付ける際には、養生フィルムを挟み込み、コンクリートの汚れを防止する。
⑤目地ジョイント部の段差防止を計画する。

ポイント5

型枠計画－剥離剤

①コンクリートの変色、硬化不良、表面保護材との付着不良、表面に気泡をもたらすものなどがあるため、製造メーカーが品質保証したものを採用する。
②試験施工に用いて問題がないことを確認する。

⑭ 打放しコンクリート／配筋・型枠計画（2）

ポイント1

型枠計画－セパ割り

①セパレーターの割付けもデザインの一部であるため、意匠設計者に確認する。

②定尺900×1800mm合板のセパ割りは、縦横ともに600mmピッチまたは450mmピッチ、あるいは縦450mmと横600mmピッチの組合せが基本となる。

③セパ穴の処理方法を確認する。

ポイント2

型枠計画－埋込みボックス類の納め方

①打放し面に取り付く埋込みボックス類（スイッチ、コンセント、ベンドキャップ、消火器ボックス、サイン類等）は、コンクリートに欠込みを入れ、プレートの回りに底目地を設ける。

②欠込みをつくる材料は、アクリル板やゴム板を用いる。

ポイント3

105ページ
ポイント3

型枠計画－型枠建込み

①マーキング

設備等の箱抜き位置、開口部は、型枠にチョーク等でマーキングする。

②建込み精度

建入れは±3mm以内、型枠目違いは±1mm以内を目安とする。

③目違い防止

合板の横ジョイントに縦桟木を入れて補強する。

④はらみ防止

できるかぎり縦桟木を入れ、ダブルのフォームタイで強く締め付ける。フォームタイパッキンを用いて、Pコン回りのひずみをなくす。

⑤スペーサ

材質、色、大きさに関して、工事監理者の承認を受けたものを用いる。モルタル製のサイコロスペーサは使用しない。

ポイント4

出隅・入隅の納まり

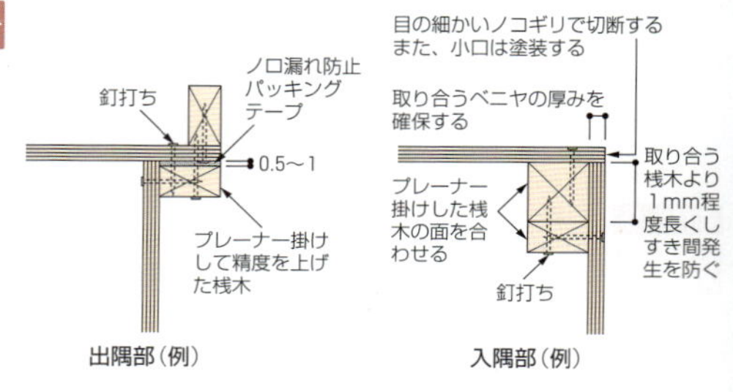

出隅部（例）　　入隅部（例）

⑮ 打放しコンクリート／打込み・型枠脱型

ポイント1

試験施工

①入隅・出隅、コーナー、ピン角、面取り、曲面、伸縮目地、設備器具の取付け部等の見本を、実際に用いる型枠・目地棒でつくり、コンクリートを打込み脱型し、打放しコンクリート表面の表情を確認する。

②コンクリート補修を部分的に実施して使用予定の外壁保護材で仕上げ、散水して補修部と健全部における打放しコンクリート表面の違いを確認する。

ポイント2

コンクリート打設（打込み）計画

①打込み量：15～20m³/hを目安とする。

②コールドジョイント防止

場内に常に生コン車1台が待機状態となるように計画する。

③棒状バイブレーター、木槌による叩き、竹棒によるつつきを行う。

④型枠には打込み前に散水する。

ポイント3

49ページ 計画5
59ページ 管理6
60ページ 管理1

コンクリート打込み

①コンクリートの打重ね

20～30分以内に打重ねし、バイブレーターや突き棒で下部コンクリートの表層に適度の振動を与える。

②棒状バイブレーター

垂直に挿入し、表面にペースト・気泡が浮かんでくる程度まで上下させ、10～20秒間加振する。挿入間隔は45cm程度とする。かけすぎると壁面にあばた状の気泡ができる。

③型枠の叩き

から叩きはしない。コンクリート打込み面より300mm下を叩き、パネルの目違いが発生していないことを確認する。

④パネルの目違い

コンクリート打込み後、木槌で目違い部分を叩いてパネル目違いを修正する。叩きだけで修正できない場合は、木製キャンバーを用いて修正する。

⑤設備等の箱抜き・開口部

じゃんかができやすいため、入念に叩く。型枠には位置を明示しておき、箱抜きの下部には空気孔を設ける。

⑥清掃

周辺の型枠に飛散したペーストは即座に拭き取る。

ポイント4

105ページ ポイント4

脱型時の確認

①打放し面にはバールを用いない。

②盗み板は無理に解体せず、十分乾燥させ、やせさせてから脱型する。

③コーナー部は、合板、ウレタンフォーム、プラスチックL型カバー等で保護する。

16 構造体コンクリートのかぶり厚さの検査

ポイント1

2009
120ページ
11.10

適用範囲

構造体コンクリートのかぶり厚さの検査は、せき板取外し後、構造体コンクリートのかぶり厚さ不足の兆候を目視によって検査し、かぶり厚さ不足が懸念される場合は、かぶり厚さの非破壊検査を行う。非破壊検査が不合格の場合は、破壊検査によって確認する。

ポイント2

非破壊検査の方法

非破壊検査は、JASS 5 T-608（電磁誘導法によるコンクリート中の鉄筋位置の測定方法）または同等の精度で検査が行える方法によって行う。

電磁波レーダー法は、コンクリートの誘電率すなわち含水率により測定値が変化する。そのため、せき板取外し後の急激に含水率が変化する鉄筋コンクリート構造物のかぶり厚さの測定は、正確な含水率の測定が必要であること、含水率と比誘電率の関係を求めておく必要があることから現状では困難である。

ポイント3

検査箇所

検査箇所は、同一打込み日、同一打込み工区の柱、梁、床または屋根スラブから、設計図および施工図を基にかぶり厚さが懸念される部材をおのおの10%選択し、測定可能な面についておのおの10本以上の鉄筋のかぶり厚さを測定する。

測定結果に疑義がある場合は破壊検査によって確認する。

破壊検査は、ドリルによる穿孔などの方法とする。

ポイント4

かぶり不足の発生しやすい箇所

①部材の下面とその隅角部や端部
②部材が交差する配筋密度が高い部位
③鉄筋の継手・接合箇所および定着筋周辺

部材別かぶり厚さの不足が発生しやすい箇所

部　材	箇　所
柱・壁部材	各部材の上部および下部
梁部材	梁下面とその両側面ならびに両端部
床・屋根スラブ	下面、梁や柱などが交差する端部の定着筋周辺

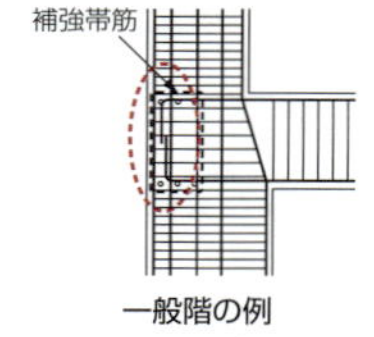

一般階の例

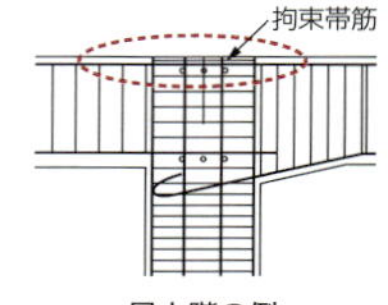

最上階の例

かぶり厚さ不足が発生しやすい柱・梁接合部

2009
120ページ
11.10

ポイント5
検査結果に対する合否判定

測定結果に対する合否判定は、下表による。

かぶり厚さの判定基準[23)]

項　目	判定基準
測定値と最小かぶり厚さの関係	$x \geqq C_{min} - 10$mm
最小かぶり厚さに対する不良率	$P(x < C_{min}) \leqq 0.15$
測定結果の平均値の範囲	$C_{min} \leqq \overline{x} \leqq C_d + 20$mm

ただし、x　：個々の測定値(mm)
$\overline{X}$　：測定値の平均値(mm)
C_{min}：最小かぶり厚さ(mm)
C_d　：設計かぶり厚さ(mm)
$P(x < C_{min})$：設計値がC_{min}を下回る確率

ポイント6
検査結果が不合格となった場合の対応

①測定値と最小かぶり厚さの関係または最小かぶり厚さに対する不良率が不合格となった場合
不合格になった部材と同一打込み日、同一打込み工区の同一種類の部材からさらに20%を選択してかぶり厚さを測定し、先に測定した結果と合わせて、最小かぶり厚さに対する不良率を求め、不良率が15%以下であれば合格とし、建築基準法に規定されたかぶり厚さ未満の箇所を補修する。

②①の非破壊検査で不良率が15%を超える場合
同一種類の部材の全数検査を行い、不良率が15%以下であれば合格とし、建築基準法に規定されたかぶり厚さ未満の箇所を補修する。不良率が15%を超えた場合は、耐久性、耐火性および構造性能を検証し、必要な補修を行う。

③測定結果の平均値の範囲が不合格になった場合
不合格となった部材の鉄筋が、部材断面の中心部に偏って配置されていないことを確かめ、鉄筋が部材断面の中心部に偏って配置されているおそれのある場合は、構造性能を検証し、必要な措置を講じる。

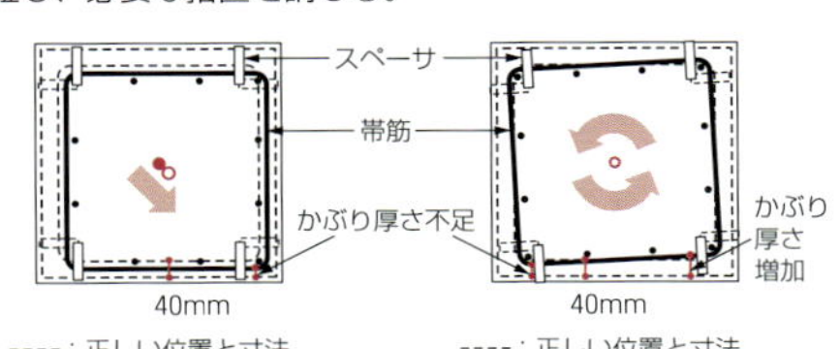

柱の帯筋の心ずれにより
かぶり厚さが不足する例[24)]

柱の帯筋の回転により
かぶり厚さが不足する例[25)]

ポイント7
補修方法

補修方法は、使用する材料を含め、建築基準法第79条、品確法およびそれらの関連告示によって規定されているため、事前に工事監理者と協議して定めておくことが望ましい。

 JASS 5 新旧対照表 主な変更点

2009

24ページ 計画3
25ページ 参考1

2節 構造体および部材の要求性能

2.4 耐久性

一般的な劣化作用を受ける構造体の計画供用期間の級は、下記の4水準とする。
①短期供用級：計画供用期間としておよそ30年
②標準供用級：計画供用期間としておよそ65年
③長期供用級：計画供用期間としておよそ100年
④超長期供用級：計画供用期間としておよそ200年

2009

20ページ 基本1
24ページ 計画3
37ページ 計画8 計画9
76ページ 管理2
98ページ ポイント1

3節 コンクリートの種類および品質

3.4 設計基準強度および耐久設計基準強度

コンクリートの品質基準強度は、設計基準強度（Fc）と耐久設計基準強度（Fd）の大きいほうの値とする。

「品質基準強度」の示すものが改定前・後で異なるので注意する。2003年版はΔFを含むが、2009年版は含まない。

3.7 圧縮強度

・構造体コンクリート強度
構造体コンクリート強度は、下記の基準を満足するものとする

構造体コンクリートの圧縮強度の基準

供試体の養生方法	試験材齢	圧縮強度の基準
コア	91日	品質基準強度以上
標準養生	28日	調合管理強度以上
現場水中養生または現場封かん養生	施工上必要な材齢	施工上必要な強度

3.8 ヤング係数・乾燥収縮率および許容ひび割れ幅

・コンクリートのヤング係数
コンクリートのヤング係数は、JASS 5 で指定の式で算定される値の80%以上の範囲内にあるものとし、この範囲内にない場合は、工事監理者の承認を受ける。

同一素材での類似データがあればよい。ない場合は試し練りで確認する。

・コンクリートの乾燥収縮率 **新 設**
コンクリートの乾燥収縮率は特記による。ただし、計画供用期間の級が長期および超長期のコンクリートでは8×10^{-4}以下とし、この値を超える場合は工事監理者の承認を受ける。

生コン工場の類似データがあればよい。

・許容ひび割れ幅 **新 設**
許容ひび割れ幅は特記による。ただし、計画供用期間の級が長期および超長期のコンクリートでは0.3mmとし、この幅を超えるひび割れは、耐久性上支障のないように適切な処置を施し、工事監理者の承認を受ける。

2003 2節　構造体および部材の要求性能

2.5　構造体の総合的耐久性

計画供用期間の級は下記の3水準とする。
①一般：大規模補修不要予定期間としておよそ30年、供用限界期間としておよそ65年
②標準：大規模補修不要予定期間としておよそ65年、供用限界期間としておよそ100年
③長期：大規模補修不要予定期間としておよそ100年

2003 3節　コンクリートの種類および品質

3.4　品質基準強度

コンクリートの品質基準強度は、下記の式の大きいほうの値とする。

$Fq = Fc + \Delta F$ (N/mm²)

$Fq = Fd + \Delta F$ (N/mm²)

ここに、Fq：コンクリートの品質基準強度(N/mm²)
Fc：コンクリートの設計基準強度(N/mm²)
Fd：コンクリートの耐久設計基準強度(N/mm²)
ΔF：構造体コンクリートの強度と供試体の強度との差を考慮した割り増しで、3N/mm²とする。

3.7　強度・ヤング係数

・構造体コンクリート強度
構造体コンクリート強度は、設計基準強度および耐久設計基準強度以上とし、工事現場で採取した供試体の圧縮強度が下表に示す基準を満足するものとする。

構造体コンクリートの圧縮強度の基準

供試体の養生方法	強度管理材齢	圧縮強度の基準
現場水中養生	28日	品質基準強度以上
現場封かん養生	28日を超え91日以内のn日	品質基準強度以上
標準養生	28日	品質基準強度に予想平均気温によるコンクリート強度の補正値を加えた値以上

・ヤング係数
コンクリートのヤング係数は、設計で要求された場合はその値を満足することを試し練りによって確かめる。

付 録

2009 3節　コンクリートの種類および品質

100ページ
ポイント1

3.11　かぶり厚さ

最小かぶり厚さは、下表に示す値以上とし、設計図または特記により定める。

最小かぶり厚さ (mm)

部材の種類		短期	標準・長期		超長期	
		屋内・屋外	屋内	屋外*2	屋内	屋外*2
構造部材	柱・梁・耐力壁	30	30	40	30	40
構造部材	床スラブ・屋根スラブ	20	20	30	30	40
非構造部材	構造部材と同等の耐久性を要求する部材	20	20	30	30	40
非構造部材	計画供用期間中に維持保全を行う部材*1	20	20	30	(20)	(30)
直接土に接する柱・梁・壁・床および布基礎の立上り部		40				
基　礎		60				

＊1）計画供用期間の級が超長期で計画供用期間中に維持保全を行う部材では、維持保全の周期に応じて決める。
2）計画供用期間の級が標準、長期および超長期で、耐久性上有効な仕上げを施す場合は、屋外側では、最小かぶり厚さを10mm減じることができる。

設計かぶり厚さは、鉄筋の加工・組立て精度、型枠の加工・組立て精度、部材の納まり、仕上材の割付け、コンクリート打込み時の変形・移動などを考慮して、最小かぶり厚さが確保されるように、部位・部材ごとに、設計図または特記により定める。

設計かぶり厚さは、上表の値＋10mm。

2009 5節　調合

20ページ
基本1
34ページ
計画1
参考1
35ページ
計画2

5.2　調合管理強度および調合強度

調合管理強度は、下式によって算出される値とする。

$Fm = Fq + mSn$ (N/mm²)

ここに、Fm ：コンクリートの調合管理強度 (N/mm²)
Fq ：コンクリートの品質基準強度 (N/mm²)
mSn ：構造体強度補正値 (N/mm²)

調合強度は、標準養生した供試体の材齢m日における圧縮強度で表すものとし、下式を満足するように定める。調合強度を定める材齢m日は、原則として28日とする。

$F \geq Fm + 1.73\sigma$ (N/mm²)
$F \geq 0.85Fm + 3\sigma$ (N/mm²)

ここに、F ：コンクリートの調合強度 (N/mm²)
Fm ：コンクリートの調合管理強度 (N/mm²)
σ ：使用するコンクリートの圧縮強度の標準偏差 (N/mm²)

2003 2節　構造体および部材の要求性能

2.10　かぶり厚さ

最小かぶり厚さは、下表に示す値以上とし、鉄筋コンクリートの所要の耐久性、耐火性、構造耐力が得られるように、部材の種類と位置ごとに、計画供用期間、コンクリートの種類と品質、部材の受ける環境作用の種類と強さなどの暴露条件、特殊な劣化作用、要求耐火性能、構造耐力上の要求および施工の精度を考慮して定める。

最小かぶり厚さの規定

部位			最小かぶり厚さ(mm)	
			仕上げあり*1	仕上げなし
土に接しない部分	床スラブ 屋根スラブ 非耐力壁	屋内	20以上	20以上
		屋外	20以上	30以上
	柱 梁 耐力壁	屋内	30以上	30以上
		屋外	30以上	40以上
	擁壁		40以上	40以上
土に接する部分	柱・梁・床スラブ・壁・布基礎の立上り		40以上*2	
	基礎・擁壁		60以上*2	

＊1）耐久性上有効な仕上げあり。
　2）軽量コンクリートの場合は、10mm増しの値とする。

2003 5節　調合

5.2　調合強度

調合強度は、標準養生した供試体の材齢28日における圧縮強度で表すものとし、下記①または②による。

①構造体コンクリートの強度管理材齢が28日の場合、下式の大きなほうとする。

$F \geqq Fq + T + 1.73\sigma$ (N/mm²)

$F \geqq 0.85(Fq + T) + 3\sigma$ (N/mm²)

②構造体コンクリートの強度管理の材齢が28日を超え、91日以内のn日の場合、下式の大きなほうとする。

$F \geqq Fq + Tn + 1.73\sigma$ (N/mm²)

$F \geqq 0.85(Fq + Tn) + 3\sigma$ (N/mm²)

ここに、T　：構造体コンクリートの強度管理の材齢を28日とした場合の、コンクリート打込みから28日までの予想平均気温によるコンクリート強度補正値(N/mm²)

Tn：構造体コンクリートの強度管理の材齢を28日を日を超え91日以内のn日とした場合の、コンクリート打込みからn日までの予想平均気温によるコンクリート強度補正値(N/mm²)

2009 9節 型枠工事

73ページ 管理5

9.10 型枠の存置期間

基礎、梁側、柱および壁のせき板の存置期間は下記とする。
短期・標準期：5N/mm²以上 長期・超長期：10N/mm²以上
脱型後の湿潤養生を行わない場合は下記とする。
短期・標準期：10N/mm²以上 長期・超長期：15N/mm²以上

2009 10節 鉄筋工事

10.1 総則

異形鉄筋について、D41以下、SD295～SD490を対象。

10.9 鉄筋の継手の位置および定着

・鉄筋の定着長さ（小梁、スラブの下端筋以外）
直線定着長さ（L2）とフック付き定着長さ（L2h）に区分し、記号を変更。

直線定着の長さL2

コンクリートの設計基準強度 Fc（N/mm²）	SD295A SD295B	SD345	SD390	SD490
18	40d	40d	−	−
21	35d	35d	40d	−
24～27	30d	35d	40d	45d
30～36	30d	30d	35d	40d
39～45	25d	30d	35d	40d
48～60	25d	25d	30d	35d

フック付き定着長さ（L2h）は上表より10d短い。余長の変更あり。

・小梁、スラブの下端筋の定着長さ
直線定着長さ（L3）とフック付き定着長さ（L3h）に区分し、記号を変更。
小梁のL3、L3hは2003年版より5d短い。
・仕口内に90°折曲げ定着する梁主筋・小梁やスラブの上端筋の定着長さがL2hを確保できない場合
異形鉄筋の投影定着長さLa、Lbを新設。

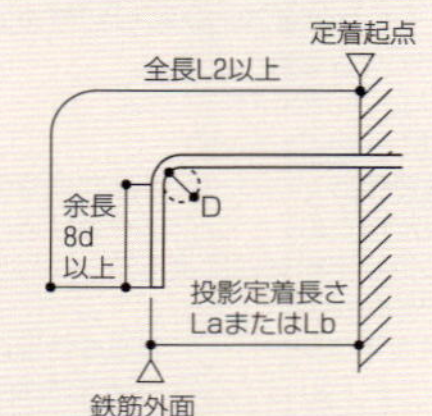

定着長さの全長＝L2以上
La：梁主筋の投影定着長さ
Lb：小梁やスラブの上端筋の投影定着長さ

仕口内に90°折曲げ定着する鉄筋の投影定着長さ（LaまたはLb）

2003　12節　型枠

12.9　型枠の存置期間

基礎、梁側、柱および壁のせき板の存置期間は、コンクリートの圧縮強度が5N/mm^{2}以上に達したことが確認されるまでとする。

2003　11節　鉄筋の加工および組立て

11.1　総則

異形鉄筋について、D41以下、SD295～SD390を対象。

11.9　鉄筋の継手の位置および定着

・鉄筋の定着長さ（小梁、スラブの下端筋以外）
直線定着長さ（L2）とフック付き定着長さ（L2）の記号は同じ。

直線定着（L2）

コンクリートの設計基準強度 Fc（N/mm^2）	SD295A SD295B SD345	SD390
18	40d	－
21～27	35d	40d
30～45	30d	35d
48～60	25d	30d

L2

直線定着

フック付き定着長さ（L2）は上表より10d短い。

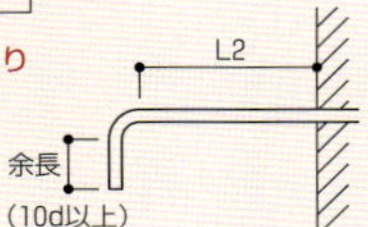

90°フック付き定着

・小梁、スラブの下端筋の定着長さ
直線定着長さ（L3）とフック付き定着長さ（L3）の記号は同じ。
小梁のL3：25d直線または15dフック付き
スラブのL3：10dかつ150mm以上

・仕口内に折曲げ定着する梁主筋がL2を確保できない場合
フック付きL2の2/3を下回らない範囲で直線定着長さを短くし、短くした長さを余長に加える。

2009

57ページ 管理3
74ページ 管理5
76ページ 管理2
112ページ 構造体コンクリートのかぶり厚さの検査

11節　品質管理・検査および措置

11.10　構造体コンクリートのかぶり厚さの検査

打込み後のかぶり厚さの検査が義務化となり、打込み後の目視検査によるかぶり不足が懸念される場合は、非破壊検査を実施。非破壊検査の測定方法（JASS 5 T-608）、判定基準が制定された。

かぶり厚さの判定基準

項　目	判定基準
測定値と最小かぶり厚さの関係	$x \geqq C_{min}-10$mm
最小かぶり厚さに対する不良率	$P(x<C_{min}) \leqq 0.15$
測定結果の平均値の範囲	$C_{min} \leqq \bar{x} \leqq C_d+20$mm

ただし、x　：個々の測定値（mm）
$\bar{x}$　：測定値の平均値（mm）
C_{min}　：最小かぶり厚さ（mm）
Cd　：設計かぶり厚さ（mm）
$P(x<C_{min})$：設計値がC_{min}を下回る確率

11.11　構造体コンクリート強度の検査

調合管理強度への変更にともない、養生方法・判定基準が変更となった。原則として、標準養生材齢28日またはコア材齢91日強度で判定を行う。

構造体コンクリートの圧縮強度の判定基準

供試体の養生方法	試験材齢	判定基準
標準養生	28日	$X \geqq Fm$
コア	91日	$X \geqq Fq$

X　：1回の試験による3個の供試体の圧縮強度の平均値（N/mm^2）
Fm：コンクリートの調合管理強度（N/mm^2）
Fq：コンクリートの品質基準強度（N/mm^2）

標準養生供試体の代わりに、現場水中養生供試体によることができる。
　材齢28日までの平均気温が20℃以上の場合
　　$X \geqq Fm$（調合管理強度）
　材齢28日までの平均気温が20℃未満の場合
　　$X-3 \geqq Fq$（品質基準強度）

コア供試体の代わりに、現場封かん養生供試体によることができる。
　材齢28日を超え91日以内のn日
　　$X-3 \geqq Fq$（品質基準強度）

13.8　構造体コンクリートの仕上がりおよびかぶり厚さの検査

構造体コンクリートについてのかぶり厚さは下記による。

コンクリートのかぶり厚さの検査

項　目	判定基準	試験方法	時期・回数
屋外面の最小かぶり厚さ検査	2.10の規定に適合すること	特記または工事監理者の承認を受けた方法	各階・各打込み工区ごとに、柱・梁・壁・床（屋根）スラブ、それぞれ3体の屋外に面する面について、せき板または支柱除去後

13.9　構造体コンクリート強度の検査

試験結果が下表を満足すれば合格となる。

構造体コンクリートの圧縮強度の判定基準

強度管理材齢	供試体の養生方法	判定基準
28日	標準水中養生	$X \geqq Fq+T$
	現場水中養生	$X \geqq Fq$
28日を超え91日以内のn日	現場封かん養生	$Xn \geqq Fq$

Fq：コンクリートの品質基準強度（N/mm^2）
X：材齢28日の1回の試験における3個の供試体の圧縮強度の平均値（N/mm^2）
Xn：材齢n日の1回の試験における3個の供試体の圧縮強度の平均値（N/mm^2）
T：構造体コンクリートの強度管理材齢を28日とした場合の、コンクリートの打込みから28日までの予想平均気温によるコンクリート強度の補正値（N/mm^2）

付録

2009
15ページ
基本1

12節　寒中コンクリート工事

12.1　総則

寒中コンクリート工事の適用期間は特記による。特記のない場合は、①、②のいずれかに該当する期間を基準とする。なお、適用期間の開始日または終了日は、該当する旬の始めまたは終わりの日とする。
①打込み日を含む旬の日平均気温が4℃以下の期間
②コンクリートの打込み後91日までの積算温度M_{91}が840°D・Dを下回る期間

12.3　品質

使用するコンクリートはAEコンクリートとし、調合計画上の目標空気量は、4.5～5.5%の範囲で特記により定める。

2009
15ページ
基本1

13節　暑中コンクリート工事

13.3　品質

原則として、荷卸し時のコンクリート温度は35℃以下であり、35℃以下とする対策を講じる必要があるが、35℃を超えた場合の対策を立案・確認・承認を受けることにより、結果的に35℃を超えた場合を許容。

13.5　調合 新設

構造体補正強度$_{28}S_{91}$は特記とする。特記がない場合は6N/mm²とする（構造体コンクリート強度値の夏期補正が義務化）。

2009
14ページ
基本1

17節　高強度コンクリート

17.3　品質

・設計基準強度が45N/mm²未満
　スランプ21cm以下またはスランプフロー50cm以下
・設計基準強度が45N/mm²以上60N/mm²以下
　スランプ23cm以下またはスランプフロー60cm以下

17.5　調合（構造体強度補正値）

構造体強度補正値は、特記による。特記のない場合は、下表に示す値を標準とし、試験または信頼できる資料を基に定め、工事監理者の承認を受ける。

高強度コンクリートの構造体強度補正値の標準値

セメントの種類	設計標準強度の範囲（N/mm²）		
	mSn	$36<Fc\leqq48$	$48<Fc\leqq60$
普通ポルトランドセメント	$_{28}S_{91}$	9	12
中庸熱ポルトランドセメント	$_{28}S_{91}$	3	5
	$_{56}S_{91}$	6	10
低熱ポルトランドセメント	$_{28}S_{91}$	3	3
	$_{56}S_{91}$	6	10

2003 14節　寒中コンクリート

14.1　総則
寒中コンクリート工事の適用期間は特記による。特記のない場合は、コンクリートの打込み後28日までの期間について、積算温度*M*が370°D・D以下となる時期に行う鉄筋コンクリート工事に適用するものとし、工事監理者の承認を受ける。
14.2　品質
使用するコンクリートはAEコンクリートとする。空気量は、4%以上6%以下の値とし、特記により定める。

2003 15節　暑中コンクリート

15.2　品質
荷卸し時のコンクリート温度は35℃以下とする。コンクリート温度が35℃を超えることが予想される場合は、コンクリートの冷却、または材料・調合の変更などによるコンクリートの品質変化抑制対策を立案して工事監理者の承認を受ける（基本コンクリート温度が35℃を超える場合を許容しない。35℃以下にする対策を立案）。

2003 19節　高強度コンクリート

19.2　コンクリートの品質
・設計基準強度が36N/mm²を越え50N/mm²未満 スランプ23cm以下またはスランプフロー50cm以下 ・設計基準強度が50N/mm²以上60N/mm²以下 スランプフロー60cm以下
19.4　調合（構造体補正強度）
コンクリート強度の構造体補正強度は、事前に試験を行うか、信頼できる資料によって設定することになる。

2009 17節　高強度コンクリート　(つづき)

17.11　養生

高強度コンクリートの湿潤養生期間は、下表に示す値とする。

高強度コンクリートの湿潤養生期間

セメントの種類 ＼ 設計基準強度 (N/mm^2)	36超〜40以下	40超〜50以下	50超〜60以下
普通ポルトランドセメント	5日以上	4日以上	3日以上
中庸熱ポルトランドセメント	6日以上	4日以上	3日以上
低熱ポルトランドセメント	7日以上	5日以上	4日以上

17.12　型枠

せき板の存置期間は、コンクリートの圧縮強度が10N/mm^2以上に達したことが確認されるまでとする。

2009 18節　鋼管充填コンクリート　新設

15ページ 基本1

(一社)新都市ハウジング協会の設計・施工指針を基に新設。

2009 21節　マスコンクリート

15ページ 基本1

21.5　調合(構造体強度補正値)

構造体強度補正値は、特記による。特記のない場合は、下表に示す値を標準とし、試験または信頼できる資料を基に定め、工事監理者の承認を受ける。

マスコンクリートの構造体強度補正値${}_{28}SM_{91}$の標準値

セメントの種類	コンクリートの打込みから材齢28日までの予想平均養生温度θの範囲(℃)		
普通ポルトランドセメント	暑中期間	$8 \leq \theta$	$0 \leq \theta < 8$
中庸熱ポルトランドセメント	—	$11 \leq \theta$	$0 \leq \theta < 11$
低熱ポルトランドセメント	—	$14 \leq \theta$	$0 \leq \theta < 14$
フライアッシュセメントB種	暑中期間	$9 \leq \theta$	$0 \leq \theta < 9$
高炉セメントB種	暑中期間	$13 \leq \theta$	$0 \leq \theta < 13$
マスコンクリートの構造体強度補正値${}_{28}SM_{91}$ (N/mm^2)	6	3	6

2009 24節　水中コンクリート

15ページ 基本1

24.3　品質

スランプは、調合管理強度が33N/mm^2未満の場合は21cm以下とし、33N/mm^2以上の場合は、材料分離を生じない範囲で23cm以下とすることができる。

24.5　調合

調合管理強度および調合強度を定める場合、構造体強度補正値の値は特記とする。特記のない場合は、3N/mm^2とする。

2003 19節　高強度コンクリート　（つづき）

19.10　養生

高強度コンクリートの湿潤養生期間は、下表に示す値とする。

高強度コンクリートの湿潤養生期間

設計基準強度 (N/mm^2) ／ セメントの種類	36超～40以下	40超～50以下	50超～60以下
普通ポルトランドセメント	4日間以上	3日間以上	2日間以上

19.12　型枠

せき板の存置期間は、コンクリートの圧縮強度が$8N/mm^2$以上に達したことが確認されるまでとする。

2003 22節　マスコンクリート

22.4　調合

予想平均養生温度によるコンクリート強度の補正値は、 試し練りまたは信頼できる資料による。

2003 25節　水中コンクリート

25.4　調合

スランプは21cm以下とし、特記による。

調合強度を定める場合、原則として気温による強度の補正は行わない。
品質基準強度を定める場合、ΔFの値は特記とし、特記のない場合は$3N/mm^2$とする。

付録

2009 14ページ 基本1

25節　海水の作用を受けるコンクリート

25.1　総則

海水に接する部分、直接波しぶきを受ける部分および飛来塩分の影響を受ける部分に使用するコンクリートに適用する。適用箇所は特記による。海水作用の区分が下表に変更された。

飛来塩分量による塩害環境の区分

塩害環境の区分	飛来塩分量＊1
重塩害環境	25mddを超える
塩害環境	13mddを超え25mdd以下
準塩害環境	4mdd以上13mdd以下

＊1）mddは、飛来塩分量の単位で、mg/dm^2/dayの意味で、1dm＝0.1mである。

25.3　品質（かぶり厚さ）

最小かぶり厚さと計画供用期間の級ごとに、耐久設計基準強度を設定。

2009 14ページ 基本1

27節　エコセメントを使用するコンクリート　新設

エコセメントのJIS規格化（JIS R 5214）および「JIS A 5308 レディーミクストコンクリート」の改正にともない新設された。

2009 14ページ 基本1

28節　再生骨材コンクリート　新設

再生骨材のJIS規格化（JIS A 5021～5023）および「JIS A 5308 レディーミクストコンクリート」の改正にともない新設された。

2003 24節　海水の作用を受けるコンクリート

24.1　総則

海水に接するコンクリートおよび海岸地域で波しぶきを受けるコンクリートに適用する。適用箇所およびその海水作用の区分は特記による。

海水作用の区分

海水作用の区分	適用箇所
A	潮の干満および常時波しぶきを受ける部分
B	常時海水中にある部分
C	時おり波しぶきを受ける部分

24.5　かぶり厚さ

計画供用期間の級と水セメント比ごとに、最小かぶり厚さを設定。

⑱ JASS 5 改定のポイント／2015年版

2015 2節　構造体および部材の要求性能

2.5　耐火性

＊解説内一部追加
特に高い耐火性能が要求される場合には、その受熱状態に応じて、骨材の選定や爆裂防止のための有機繊維の混入などといった使用材料の条件、コンクリートの調合、かぶり厚さなどを特別に定めたり、鉄骨造と同様に耐火被覆を施したりする必要があり、これについては特記によることとした。

2015 3節　コンクリートの種類および品質

37ページ
計画9

3.8　乾燥収縮率

＊解説表追加
一般的な建築物においては、乾燥収縮率800×10^{-6}以下とすることによって有害なひび割れが発生しないレベルにほぼ抑制できるものとしており、解析による根拠を示すとともに、下表に示すように、使用するコンクリートの級別に目標とするコンクリートの乾燥収縮率を示した。

使用するコンクリートの級と目標とする乾燥収縮率*

使用するコンクリートの級	目標とするコンクリートの乾燥収縮率
標　準	650～800×10^{-6}
高　級	500～650×10^{-6}
特　級	500×10^{-6}以下

＊『鉄筋コンクリート造建築物の収縮ひび割れ制御設計・施工指針（案）・同解説』日本建築学会、2006

2015 7節　コンクリートの運搬・打込みおよび締固め

44ページ
計画1
46ページ
計画3

7.4　運搬

＊2009年版
先送りモルタルの品質変化した部分は、型枠内に打ち込まない。
＊2015年版 本文改定
先送りモルタルは、原則として型枠内に打ち込まない。
☞品質変化していないモルタルでも、コンクリートの品質に影響を与えないという判断基準が難しいこと、工事監理者の承認を得ることが難しいことから、型枠内に打ち込まず廃棄することとした。

＊解説文追加
コンクリートポンプは、最近、老朽化による故障や事故が多く発生している。施工者は、定期自主検査および特定自主検査を受けていることを確認するとともに、圧送作業従事者に対し作業前点検を必ず実施するように指示を行う。

2015 9節　型枠工事

9.2　施工計画

＊本文追加
施工者は、型枠工事の作業に十分な知識と経験を有する者を選任し、この者を責任ある立場に配置する。
☞労働安全衛生規則第246条によると、施工者は、型枠支保工の組立て等作業主任者技能講習を終了した者から作業主任者を選定する必要がある。また、この作業主任者は、厚生労働省所管の職業能力開発促進法に定められた「型枠施工技能士」の1級または2級の資格を有する者が望ましいとした。

9.6　型枠の設計

＊2009年版
各部材それぞれの変形量として3mm程度を許容値とする。
＊2015年版 解説文改定
型枠の設計にあたり、許容変形量は、コンクリートの側圧や鉛直荷重に対して、仕上げ仕様など設計条件から定めるべきであり、その目安として、型枠を構成する各部材それぞれの変形量として2mm程度を許容値とすることが望ましい。また、総変形量は、合計して5mm以下を目安とする。

2015 10節　鉄筋工事
100ページ
ポイント1

10.7　直組み鉄筋

＊2009年版 バーサポート→＊2015年版 鉄筋のサポート

10.9　鉄筋の継手の位置および定着

＊本文表内注追加
片持梁・片持スラブの下端筋を直線定着する場合は、25d以上とする。

10.13　配筋検査

＊解説表内注追加
☞機械式継手の検査の参考事例として、超音波測定検査項目の追記。

2015 11節　品質管理および検査

11.8　鉄筋工事の品質管理および検査

＊本文表内注追加
☞ガス圧接継手の外観検査において、SD490の判定基準および折曲がり角度・片ふくらみ基準の追記。

11.10　構造体コンクリートのかぶり厚さの検査

＊解説文追加
かぶり厚さを確保するための補修方法については、建築基準法および関係法令の規定を満足する必要があり、法令の規定および所要の性能を満足する補修方法について工事監理者と協議して定める。鉄筋コンクリート造建築物のかぶり厚さは、建築基準法施行令第79条第1項に規定されており、ここでのかぶり厚さを構成するコンクリートは、JIS A 5308に適合するものまたは国土交通大臣の認定を受けたものでなくてはならない。

2015 11節　品質管理および検査　（つづき）

11.11　構造体コンクリート強度の検査

＊本文追加

従来型の方法以外で構造体コンクリート強度の検査を行う場合は、工事監理者の承認を得て行う。

☞本項に定める以外の方法で構造体コンクリート強度の検査を行う場合は、あらかじめ品質管理計画書等に明記し、工事監理者の承認を得て行うことができるとした。

2015 13節　暑中コンクリート工事

15ページ 基本1

13.3　品質

＊解説文追加

荷卸し時のコンクリート温度が35℃を超えないように、材料・調合の変更、使用材料の温度制御、コンクリートの冷却などの対策を講じる場合には、その方法について工事監理者の承認を受ける。

具体的には、以下のような対策が考えられる。

- ・水温の低い地下水などの使用
- ・低発熱型セメント、フライアッシュなどの混和材の使用
- ・冷却設備を有するレディーミクストコンクリート工場の選定
- ・現場までの運搬時間の短いレディーミクストコンクリートの選定
- ・液体窒素などを用いたコンクリートの冷却

＊解説文追加

対策を講じても荷卸し時のコンクリートの温度が35℃を超えることが避けられない事態も予測される。これに備えて、材料・調合の見直し、施工時間の短縮、養生期間の延長などにより、コンクリートの施工性の確保、構造体コンクリートの品質確保に対する方策を工事監理者と講じておく。

具体的には、下記のような対策が考えられる。

①コンクリートの施工性の確保

- ・従来よりも高い機能を有する化学混和剤の使用
- ・練混ぜから打込み終了までの時間・打重ね時間間隔の短縮

②構造体コンクリートの品質確保

- ・低発熱型セメント、フライアッシュなどの混和材の使用
- ・散水・噴霧養生の採用や養生期間の延長

近年、種々の実機試験で、適切な対策を講じることにより、荷卸し時のコンクリートの温度が38℃程度までであれば、35℃の場合と比べて極端な性能低下が生じないことが示されてきている。

しかし、これを超えた範囲での検討は少ないことから、本項により対策を講じる場合でも、荷卸し時のコンクリート温度は38℃を上限とし、その後の打込みまでの温度上昇を極力防止すべきである。

2015 17節　高強度コンクリート

14ページ
基本1

17.11　養生

＊本文追加
コンクリート部分の厚さが18cm以上の部材において、普通および中庸熱ポルトランドセメントを用いる場合は、湿潤養生期間の終了以前であっても、コンクリートの圧縮強度（現場封かん養生）が15N／mm^2以上に達したことを確認すれば、以降の湿潤養生を打ち切ることができる。

☞高強度コンクリート部材は、**24時間以上のせき板存置期間であれば圧縮強度への影響は小さく、かつ一般仕様のコンクリートに比べて優れた中性化抵抗性が期待できる**ことから、計画供用期間の級が長期および超長期と同様の15N／mm^2以上を確保すれば、十分な品質を確保できると判断した。

2015 21節　マスコンクリート

15ページ
基本1

21.5　調合（S値の緩和）

2009　マスコンクリートの構造体強度補正値$_{28}SM_{91}$の標準値

セメントの種類	コンクリートの打込みから材齢28日までの予想平均養生温度θの範囲（℃）		
普通ポルトランドセメント	暑中期間	8≦θ	0≦θ＜8
中庸熱ポルトランドセメント	－	11≦θ	0≦θ＜11
低熱ポルトランドセメント	－	14≦θ	0≦θ＜14
フライアッシュセメントB種	暑中期間	9≦θ	0≦θ＜9
高炉セメントB種	暑中期間	13≦θ	0≦θ＜13
マスコンクリートの構造体強度補正値$_{28}SM_{91}$（N/mm^2）	6	3	6

2015　マスコンクリートの構造体強度補正値$_{28}SM_{91}$の標準値

セメントの種類	コンクリートの打込みから材齢28日までの予想平均養生温度θの範囲（℃）			
普通ポルトランドセメント	0≦θ＜8	8≦θ	－	暑中期間
高炉セメントB種	－	0≦θ	－	暑中期間
フライアッシュセメントB種	－	0≦θ	－	暑中期間
中庸熱ポルトランドセメント	－	0≦θ	－	－
低熱ポルトランドセメント	－	－	0≦θ	－
マスコンクリートの構造体強度補正値$_{28}SM_{91}$（N/mm^2）	6	3	0	6

⑲ JASS 5 改定のポイント／2018年版

2018 4節　コンクリートの材料

14ページ
基本1

4.1　総則

＊解説文追加
2015年版では、普通エコセメントを使用するコンクリートやコンクリート用再生骨材Hを使用するコンクリートは、建築基準法第37条第2項に基づき国土交大臣の認定が必要であるとされていたが、2016年（平成28年）の建設省告示第1446号の改正により、認定が不要となった。ただし、回収骨材を使用するものは認定が必要である。

2018 11節　品質管理および検査

73ページ
管理5

11.7　型枠工事の品質管理および検査

＊解説文追加
(5)せき板の取外し時期は、材齢による場合と構造体コンクリートの圧縮強度による場合とに分かれており、そのいずれかの条件を満足しなければならない。9.10.a*は圧縮強度による規定で、JASS 5 T-603（構造体コンクリートの強度推定のための圧縮強度試験方法）または構造体コンクリートの履歴温度の測定に基づく方法のいずれかの方法で圧縮強度を推定し、その値が計画供用期間の級が短期および標準の場合は5N/mm^{2}以上、長期および超長期の場合は10 N/mm^{2}以上であることを確認しなければならない。なお、平成28年3月に「現場打コンクリートの型わく及び支柱の取はずしに関する基準」（昭和46年建設省告示第110号）が改正され、新たに第1第一号ロに「コンクリートの温度の影響を等価な材齢に換算した式によって計算する方法」が追加された。

$$fc_{te} = \exp\left\{s\left[1-\left(\frac{28}{(te-0.5)/t_0}\right)^{1/2}\right]\right\}\times fc_{28}$$

fc_{te}：コンクリートの圧縮強度（N/mm^2）
s：セメントの種類に応じた数値（下表参照）
te：コンクリートの有効材齢（日）（次ページ式参照）
t_0：1（日）
fc_{28}：次の①、②のいずれか
①JIS A 5308に適合するコンクリートにあっては発注した呼び強度の強度値
②建築基準法第37条第二号の国土交通大臣の認定を受けたコンクリートにあっては設計基準強度に当該認定において指定された構造体強度補正値を加えた値（N/mm^2）

セメントの種類に応じた数値

セメントの種類	数値
普通ポルトランドセメント	0.31
早強ポルトランドセメント	0.21
中庸熱ポルトランドセメント	0.60
低熱ポルトランドセメント	1.06
高炉セメントB種及びC種	0.54
フライアッシュセメントB種及びC種	0.58

$$te = \frac{1}{24}\Sigma \Delta ti \times \exp\left[13.65 - \frac{4000}{273 + Ti/T_0}\right]$$

Δti：（i −1）回目の測定からi 回目の測定までの期間（時間）

Ti：i回目の測定により得られたコンクリートの温度（℃）

T_0：1（無次元化のための係数）（℃）

＊基礎・梁側・柱および壁のせき板の存置期間

11.11　構造体コンクリート強度の検査

＊解説文追加

鉄筋コンクリート造の建築物などに適用するコンクリートの強度は、建築基準法施行令第74条（コンクリートの強度）において「設計基準強度（以下、設計に際し採用する圧縮強度という）との関係において国土交通大臣が安全上必要であると認めて定める基準に適合するものであること。」、「前項に規定するコンクリートの強度を求める場合においては、国土交通大臣が指定する強度試験によらなければならない。」と定められている。また、コンクリートの具体的な基準および強度試験は、昭和56年建設省告示第1102号で定められている。ただし、適切な研究的裏付けのあるもの等については他の基準および強度試験によることも可能で、昭和56年建設省住宅局建築指導課長通知（建設省住指発第160号）およびその後の平成28年に国土交通省住宅局建築指導課長から発出された技術的助言（国住指第4893号）で、その具体的な運用方法の一つとして『JASS 5』が記されている。これにより11.11に規定される構造体コンクリートの圧縮強度の基準および試験方法は昭和56年建設省告示第1102号に規定される強度の基準と法令上同等の規定として取り扱われている。

最近はほぼすべての建築工事で標準養生による方法が適用され、同方法に基づくコンクリート強度管理の安全性が確認され、広く普及している。これらの状況を受け、国土交通省は平成28年3月に昭和56年建設省告示第1102号を改正し、第1に次ページの第三号を追加した。

2018
34ページ
参考1

2009
122ページ
17.5

11節　品質管理および検査

（つづき）

11.11　構造体コンクリート強度の検査

昭和56年建設省告示第1102号

三　コンクリートの圧縮強度試験に用いる供試体で標準養生（水中又は飽和蒸気中で行うものに限る。）を行ったものについて強度試験を行った場合に、材齢が28日までの供試体の圧縮強度の平均値が、設計基準強度の数値にセメントの種類及び養生期間中の平均気温に応じて次の表に掲げる構造体強度補正値を加えて得た数値以上であること。

セメントの種類		養生期間中の平均気温	構造体強度補正値
普通ポルトランドセメント	*Fc*≦36の場合	25≦θの場合	6
		10≦θ<25の場合	3
		θ<10の場合	6
	36<*Fc*≦48の場合	15≦θの場合	9
		θ<15の場合	6
	48<*Fc*≦60の場合	25≦θの場合	12
		θ<25の場合	9
	60<*Fc*≦80の場合	25≦θの場合	15
		15≦θ<25の場合	12
		θ<15の場合	9
早強ポルトランドセメント	*Fc*≦36の場合	5≦θの場合	3
		θ<5の場合	6
中庸熱ポルトランドセメント	*Fc*≦36の場合	10≦θの場合	3
		θ<10の場合	6
	36<*Fc*≦60の場合	−	3
	60<*Fc*≦80の場合	−	6
低熱ポルトランドセメント	*Fc*≦36の場合	15≦θの場合	3
		θ<15の場合	6
	36<*Fc*≦60の場合	5≦θの場合	0
		θ<5の場合	3
	60<*Fc*≦80の場合	−	3
高炉セメントB種	*Fc*≦36の場合	25≦θの場合	6
		15≦θ<25の場合	3
		θ<15の場合	6
フライアッシュセメントB種	*Fc*≦36の場合	25≦θの場合	6
		10≦θ<25の場合	3
		θ<10の場合	6

*この表において、*Fc*及びθは、それぞれ次の数値を表すものとする。

Fc：設計基準強度（単位　N/mm²）

θ：養生期間中の平均気温（単位　℃）

ここに示される構造体強度補正値は表5.1（本書34ページ・参考1）に示す構造体強度補正値$_{28}S_{91}$の標準値に相当するもので、11.11eの標準養生による方法とほぼ同じ基準となっている。また、構造体強度補正値の適用範囲も、高強度コンクリートを対象として、表17.1（本書122ページ）に示す設計基準強度60N/mm^{2}を超えて80N/mm^{2}まで規定されている。ただし、表5.1に示す「コンクリートの打込みから28日までの期間の予想平均気温θの範囲」に相当する「養生期間中の平均気温」は、表5.1（本書34ページ・参考1）に示す値と若干異なり、同告示では5℃単位を基本に規定されている。また、同告示の構造体強度補正値は、実際の養生期間中の温度の影響を考慮して定めている。適用範囲や養生期間中の温度の影響によって構造体強度補正値の値が若干異なるため、いずれの値を使用するかは、あらかじめ品質管理計画書等に明記するとともに、工事監理者の指示に従って実施しなければならない。

20 コンクリート工事用語集

打重ね
まだ固まらない状態のコンクリート上に新しいコンクリートを打ち足すこと。

打継ぎ
硬化したコンクリートに接して新たなコンクリートを打ち込むこと。

塩害
コンクリート中の塩化物イオンによって鋼材が腐食し、コンクリートにひび割れ、剥離・剥落などの損傷を生じさせる現象。

塩化物含有量
コンクリートに含まれている塩化物量。

温度応力
コンクリート部材内部の温度分布が不均一な場合および温度の上昇・下降にともなって生じる体積変化が外的に拘束された場合に、コンクリートに発生する応力。

回収骨材
普通・舗装・高強度コンクリートから回収した骨材で、それぞれの骨材が固まらないようにスラッジ固形分除去される程度に洗浄された骨材。

乾燥収縮率
材齢7日まで標準養生した100×100×400mmのコンクリート供試体を温度20±2℃、相対湿度60±5%の条件下で6カ月乾燥させた場合の長さ変化率のこと。

供試体
各種試験を行うために所定の形状・寸法になるよう作製したコンクリート、モルタルなどの試験用の成形品。『テストピース』ともいう。

空気量
コンクリート中に含まれる空気泡の容積の、コンクリート全容積に対する百分率。

計画供用期間
『JASS 5』(2009)では、コンクリートの耐久性を確保するために、建物に要求される耐用年数を4つの等級(短期・標準・長期・超長期)に区分している。これを「計画供用期間」といい、設計基準強度の下限値(耐久設計基準強度)が定められている。

軽量骨材
コンクリートの質量の軽減、断熱などの目的で用いる、普通の骨材よりも密度の小さい骨材。

構造体コンクリート強度の保証材齢
構造体に打ち込まれたコンクリートの圧縮強度が、品質基準強度を満足していることを保証する材齢のこと。一般仕様では、強度管理を標準養生供試体で行う場合、試験材齢は28日となるが、保証材齢は原則91日となる。

骨材の含水率
骨材の内部の空隙に含まれている水と表面水の全量の、絶対乾燥状態の骨材質量に対する百分率。→絶対乾燥状態

骨材の吸水率
表面乾燥飽水状態の骨材に含まれている全水量の、絶対乾燥状態の骨材質量に対する百分率。→表面乾燥飽水状態、絶対乾燥状態
コンシステンシー
フレッシュコンクリート、フレッシュモルタルおよびフレッシュペーストの変形または流動に対する抵抗性。
混和材
混和材料の中で、使用量が比較的多く、それ自体の容積がコンクリートなどの練上がり容積に算入されるもの。→混和材料
混和剤
混和材料の中で、使用量が少なく、それ自体の容積がコンクリートなどの練上り容積に算入されないもの。→混和材料
混和材料
セメント、水、骨材以外の材料で、コンクリートなどに特別の性質を与えるために、打込みを行う前までに必要に応じて加える材料。
再生骨材
コンクリートをクラッシャーなどで粉砕し、人工的につくった骨材。
材料分離
運搬中、打込み中または打込み後において、フレッシュコンクリートの構成材料の分布が不均一になる現象。
じゃんか
硬化したコンクリートの一部に粗骨材だけが集まってできた空隙の多い不均一な部分。
場外運搬
レディーミクストコンクリート工場からフレッシュコンクリートを工事現場の荷卸し地点まで運ぶこと。→フレッシュコンクリート、レディーミクストコンクリート
場内運搬
工事現場内でフレッシュコンクリートを荷卸し地点から打込み地点まで運ぶこと。→フレッシュコンクリート
水和熱
セメントの水和反応にともなって発生する熱。
スランプ
フレッシュコンクリートの軟らかさの程度を示す指標の一つで、スランプコーンを引き上げた直後に測った頂部からの下がりで表す。
スランプフロー
フレッシュコンクリートの流動性を示す指標の一つで、スランプコーンを引き上げた後の、試料の広がりを直径で表す。
絶対乾燥状態
骨材を100～110℃の温度で定質量となるまで乾燥し、骨材粒の内部に含まれている自由水が取り去られた状態。「絶乾状態」と略す。

付録

耐久性
気象作用、化学的侵食作用、機械的摩耗作用、その他の劣化作用に対して長期間耐えられるコンクリートの性能。
第三者試験機関
検査において当事者以外の第三者の立場で試験を行う機関で、工事監理者や施工者、レディーミクストコンクリート生産者などが試験を依頼するJIS Q 17025（試験所及び校正機関の能力に関する一般要求事項）に適合する機関、またはこれと同等の技術力を有すると認められる機関のこと。→レディーミクストコンクリート
単位水量
コンクリート1m^{3}中に含まれる水量。ただし、骨材中の水量は含まない。
単位セメント量
フレッシュコンクリート1m^{3}中に含まれるセメントの質量。
タンピング
床（スラブ）または舗装用コンクリートに対し、打ち込んでから固まるまでの間に、その表面を叩いて密実にすること。
中性化
硬化したコンクリートが空気中の炭酸ガスの作用を受けて次第にアルカリ性を失っていく現象。
凍害
コンクリート中に含まれる水分が凍結、または凍結と融解を繰り返すことによって表面劣化、強度低下、ひび割れ、ポップアウトなどの劣化を生じる現象。
ひび割れ誘発目地
乾燥収縮、温度応力、その他の原因によって生じるコンクリート部材のひび割れをあらかじめ定めた位置に生じさせる目的で、所定の位置に断面欠損を設けてつくる目地。→温度応力
表面乾燥飽水状態
骨材の表面水がなく、骨材粒の内部の空隙がすべて水で満たされている状態。「表乾状態」と略す。
表面水率
骨材の表面についている水の割合であって、骨材に含まれるすべての水から骨材粒の内部の水を差し引いたものの表面乾燥飽水状態の骨材質量に対する百分率。
ブリーディング
フレッシュコンクリートおよびフレッシュモルタルにおいて、固体材料の沈降または分離によって、練混ぜ水の一部が遊離して上昇する現象。
フレッシュコンクリート
まだ固まらない状態のコンクリート。
フロー値
フレッシュモルタルの軟らかさ、または流動性を示す指標の一つで、所定のコーンを用いて成形した試料の直径の広がりで表す。

膨張材
セメントおよび水とともに練り混ぜた後、水和反応によってエトリンガイト、水酸化カルシウムなどを生成し、コンクリートまたはモルタルを膨張させる混和材。

水セメント比
フレッシュコンクリートまたはフレッシュモルタルに含まれるセメントペースト中の水とセメントの質量比。百分率で表されることが多い。この逆数をセメント水比という。

養生
コンクリートに所要の性能を発揮させるため、打込み直後の一定期間、適当な温度と湿度に保つと同時に、有害な作用から保護すること。

流動化剤
あらかじめ練り混ぜられたコンクリートに添加し、これをかくはんすることによって、その流動性を増大させることを主たる目的とする混和剤。
→混和剤

レイタンス
コンクリートの打込み後、ブリーディングにともない、内部の微細な粒子が浮上し、コンクリート表面に形成するぜい弱な物質の層。→ブリーディング

レディーミクストコンクリート
コンクリート製造設備をもつ工場から、荷卸し地点における品質を指定して購入することができるフレッシュコンクリート。

ワーカビリティー
材料分離を生じることなく、運搬、打込み、締固め、仕上げなどの作業が容易にできる程度を表すフレッシュコンクリートの性質。

凡例）→：その項を参照せよ

[索 引]

さ－そ

た－と

な－の

は－ほ

ま－も

や・ゆ・よ

ら－ろ

わ

A–Z

[引用文献]

1）岡田清他『コンクリート工学ハンドブック』朝倉書店、1981、351頁・図9.1.14
2）『建築工事標準仕様書・同解説 JASS 5　鉄筋コンクリート工事』日本建築学会、2018、238頁・表5.1
3）同上、189頁・解説図3.7
4）同上、248頁・解説図5.6
5）同上、273頁・解説図7.1
6）同上、273頁・解説図7.2
7）『コンクリートポンプ工法施工指針・同解説』日本建築学会、2009、68頁・解説図3.13（a）
8）国土交通省大臣官房官庁営繕部監修『建築工事監理指針　平成28年版（上巻）』公共建築協会、410頁・図6.6.1
9）『建築工事標準仕様書・同解説 JASS 5　鉄筋コンクリート工事』日本建築学会、2018、278頁・解説図7.5
10）同上、312頁・表9.2
11）同上、166頁・表2.1
12）同上、166頁・表2.2
13）同上、403頁・表11.9
14）『コンクリートのひびわれ調査、補修・補強指針』日本コンクリート工学協会、2013、82頁・表-4.2.2
15）『建築工事標準仕様書・同解説　JASS 5 鉄筋コンクリート工事』日本建築学会、2018、413頁・解説表12.1
16）同上、430頁・解説表13.1
17）『建築工事標準仕様書・同解説　JASS 5 鉄筋コンクリート工事』日本建築学会、2003、487頁・解説図22.1
18）『建築工事標準仕様書・同解説　JASS 5 鉄筋コンクリート工事』日本建築学会、2018、202頁・表3.3
19）同上、334頁・表10.3
20）同上、303頁・解説表9.3
21）同上、306頁・表9.1
22）同上、315頁・解説図9.4
23）同上、392頁・表11.8
24）同上、393頁・解説図11.3b
25）同上、393頁・解説図11.3a

[参考文献]

1）『建築工事標準仕様書・同解説 JASS 5　鉄筋コンクリート工事』日本建築学会、2018
2）『建築材料用教材』日本建築学会、2006
3）『高流動コンクリートの材料・調合・製造・施工指針（案）・同解説』日本建築学会、1997
4）『高強度コンクリート施工指針・同解説』日本建築学会、2013
5）『鉄筋コンクリート造建築物の収縮ひび割れ －メカニズムと対策技術の現状』日本建築学会、2003
6）国土交通省大臣官房官庁営繕部監修『建築工事監理指針　令和4年版（上巻）』公共建築協会
7）建設大臣官房技術調査室監修『建築物の耐久性向上技術シリーズ　建築構造編Ⅰ 鉄筋コンクリート造建築物の耐久性向上技術』技報堂出版、1986
8）『コンクリートのひび割れ調査、補修・補強指針』日本コンクリート工学会、2013
9）『コンクリート診断技術 '02 基礎編』日本コンクリート工学協会、2002
10）『コンクリート技術の要点 2000』日本コンクリート工学協会、2000
11）烏田専右「レディーミクストコンクリート」『コンクリートジャーナル』日本コンクリート工学協会、vol.4、No.8、1966年8月
12）桝田佳寛監修「改定 JASS 5 の基本解説書」『建築技術』2009年4月号、建築技術
13）佐野武監修「コンクリート工事　困ったときのノウハウ集」『建築技術』1995年10月号、建築技術
14）加賀秀治監修「コンクリートの上手な打設」『建築技術』1998年9月号、建築技術
15）高田博尾監修「型枠工事の新しい流れ」『建築技術』1999年11月号、建築技術

MEMO

現場施工応援する会
●**執筆**
株式会社熊谷組
主査 塚田　茂　元建築事業本部
稲井田洋二　建築事業本部
岩渕貴之　建築事業本部
上田　真　首都圏支店
金森誠治　技術本部
佐藤孝一　元技術研究所
野中　英　技術本部
萩原　浩　関西支店建築部
古田　崇　建築事業本部
吉松賢二　元技術研究所
渡辺英彦　建築事業本部

建築携帯ブック コンクリート ［改訂3版］

2006年12月20日　第1版第1刷発行
2009年 6 月10日　改訂版第1刷発行
2016年 4 月10日　改訂2版第1刷発行
2019年12月10日　改訂3版第1刷発行
2023年 3 月30日　改訂3版第2刷発行

編　者　現場施工応援する会 ©
発行者　石川泰章
発行所　株式会社 井上書院
東京都文京区湯島2-17-15　斎藤ビル
電話(03)5689-5481 FAX(03)5689-5483
https://www.inoueshoin.co.jp/
振替00110-2-100535
印刷所　株式会社ディグ
製本所　誠製本株式会社
装　幀　川畑博昭

ISBN978-4-7530-0563-5 C3052 Printed in Japan